Digitale Business-Strategien für den Mittelstand

Springer
Berlin
Heidelberg
New York
Hongkong
London
Mailand
Paris
Tokio

Sven Montanus

Digitale Business-Strategien für den Mittelstand

Mit neuen Technologien unternehmensübergreifende Geschäftsprozesse optimieren

Mit 65 Abbildungen

Springer

Sven Montanus, München
s.montanus@web.de

ISBN 3-540-20970-0 Springer-Verlag Berlin Heidelberg New York

Bibliografische Information Der Deutschen Bibliothek
Die Deutsche Bibliothek verzeichnet diese Publikation in der Deutschen Nationalbibliografie; detaillierte bibliografische Daten sind im Internet über <http://dnb.ddb.de> abrufbar.

Springer-Verlag ist ein Unternehmen von Springer Science+Business Media

springer.de

Printed in Germany

Umschlaggestaltung: Erich Kirchner, Heidelberg

SPIN 10986530 43/3130/DK-5 4 3 2 1 0 – Gedruckt auf säurefreiem Papier

Vorwort

Kaum ein Themenkomplex hat in den vergangenen Jahren eine ähnlich hohe Aufmerksamkeit in der betriebswirtschaftlichen Praxis und Theorie auf sich gezogen wie der des Electronic Business, der digitalen Abbildung unternehmensübergreifender Geschäftsprozesse auf Basis moderner Informations- und Kommunikationstechnologie.

Neben den euphorischen Verheißungen zahlreicher renommierter Analysten boten vor allem die veränderten wirtschaftlichen Rahmenbedingungen genügend Nährboden für die Annahme, der Eintritt in das E-Business-Zeitalter gleiche der Industriellen Revolution.

Bis heute hat sich diese Annahme nicht bestätigt. Die anfänglich übersteigerten Erwartungen der Unternehmen und Konsumenten sind mittlerweile einer realistischen Betrachtungsweise gewichen. Es hat sich gezeigt, dass E-Business kein Geschäftsmodell per se ist; vielmehr kann E-Business traditionelle Unternehmen bei dem Erreichen ihrer operativen und strategischen Ziele in ihrem jeweiligen Kerngeschäft unterstützen.

Globaler Wettbewerb, kürzere Produktlebenszyklen, steigende Kundenerwartungen und erhöhter Preisdruck sind die Herausforderungen, denen sich Unternehmen aller Branchen und Größen bereits heute und in Zukunft verstärkt stellen müssen. Gleichzeitig eröffnen der weltweite Ausbau der Netzinfrastrukturen und die Weiterentwicklung der Zugangstechnologie, die wachsende Akzeptanz und Nutzung der Informations- und Kommunikationstechnologie, die Deregulierung und Liberalisierung der Telekommunikationsmärkte sowie die Konvergenz im Informations- und Kommunikationsbereich neue Chancen, diesen Herausforderungen erfolgreich zu entgegnen.

Durch die Integration von Informations- und Kommunikationstechnologie in unternehmensinterne und -übergreifende Geschäftsprozesse – und nichts anderes ist E-Business – lassen sich operationale Effizienzsteigerungen und gleichzeitig Kostensenkungen erzielen. Analysten gehen deshalb davon aus, dass bis 2006 ein Fünftel des europäischen Business-to-Business-Handelsvolumens über elektronische Netze abgewickelt wird.

In der jüngsten Vergangenheit haben insbesondere Großunternehmen und global agierende Konzerne die Vorteile des E-Business erkannt und in die entsprechende Infrastruktur investiert. Dagegen findet E-Business in kleineren und mittelständischen Unternehmen bislang selten Anwendung. Jüngste Untersuchungen zum E-Business-Einsatzgrad in diesem Wirtschaftssegment bestätigen dies.

In Branchen wie der Automobilindustrie, in denen Business-to-Business-Beziehungen über Jahre hinweg gewachsen sind, ist es nur eine Frage der Zeit, bis sich E-Business auf breiter Front in der Kommunikation zwischen Herstellern und Zulieferern durchsetzen wird. Dafür sprechen die enorme Kosteneinsparpotenziale, die bei der Ausführung betrieblicher Abläufe auf Basis moderner Informations- und Kommunikationstechnologie ausgeschöpft werden können.

Schon heute diktieren Automobilhersteller und große Zulieferer die geschäftlichen Rahmenbedingungen und versuchen, ihre eigenen Geschäftsprozesse zu Ungunsten kleinerer Unternehmen der Zulieferindustrie zu flexibilisieren. Als Beispiel sei hier das Konzept der produktionssynchronen Belieferung (Just-in-Sequence) genannt; mit der E-Business-Einführung wird dieses Konzept durch ein praxistaugliches Werkzeug untermauert.

Auch im Handel, der seit mehr als einem Jahrzehnt unter einer strukturellen Wachstumsschwäche leidet, kann der Einsatz neuer Technologien neue Ertragspotenziale freisetzen. Die Integration des Internet oder der Radiofrequenztechnik in wertschöpfungskettenübergreifende Geschäftsprozesse ermöglicht eine verbesserte Zusammenarbeit mit der Konsumgüterindustrie. Dadurch lässt sich das Angebot zeitnah auf die tatsächliche Konsumentennachfrage abstimmen, wodurch die Bestände entlang der gesamten Supply Chain reduziert und Fehlbestände vermieden werden.

Dieses Buch zeigt, wie kleine und mittelständische Unternehmen von der digitalen Abbildung unternehmensübergreifender Abläufe auf Basis moderner Informations- und Kommunikationstechnologie profitieren können. Es gibt praxisorientiert eine systematische Einführung in die wesentlichen organisatorischen, strategischen und technischen Aspekte des E-Business.

Zunächst stellt das Buch die E-Business-Thematik vor und gibt einen Überblick über Geschäftsmodelle und Marktentwicklungen sowie Trends in der mittelständischen Wirtschaft im allgemeinen und in der Automobilzulieferindustrie sowie im Handel und in der Konsumgüterindustrie im Besonderen. Anschließend werden in Kapitel 2 die wichtigsten unternehmensinternen und -übergreifenden E-Business-Einsatzbereiche entlang der Wertschöpfungskette detailliert beschrieben. Dabei werden die jeweiligen Anwendungspotenziale, Erfolgsfaktoren und Einsatzrisiken ausführlich dargestellt.

Darauf aufbauend werden in Kapitel 3 die strategischen und technischen Aspekte aufgezeigt, die im Rahmen kollaborativer E-Business-Konzepte zu berücksichtigen sind. Die Schwerpunkte liegen auf den XML- und Webservices-Standards sowie den Chancen und Risiken, die mit dem Outsourcing von E-Business-Applikationen verbunden sind.

Im anschließenden Kapitel 4 wird eine Einführungsstrategie entwickelt, die sich an den spezifischen Bedürfnissen kleiner und mittelständischer Unternehmen orientiert. Schrittweise werden von der Herleitung einer übergreifenden E-Business-Strategie über die Grundlagen des Projektmanagements bis hin zur betrieblichen Integration die einzelnen Stufen der E-Business-Einführung dargestellt. Anhand ausgewählter Fallbeispiele werden in Kapitel 5 die Handlungsempfehlungen und Methoden verifiziert.

Damit erhalten Geschäftsführer, Logistik-, Einkaufs-, Vertriebs- und EDV-Verantwortliche in kleinen und mittelständischen Unternehmen, aber auch Studenten und Lehrkräfte der Wirtschaftswissenschaften und technischer Studiengänge einen Überblick über die operativen, strategischen und technischen Aspekte digitaler Business-Strategien im Mittelstand.

München, im Februar 2004 Sven Montanus

Inhalt

1 Einführung

Seit etwa zwei Jahrzehnten ist die weltweite Wirtschaft von einer außerordentlichen Dynamik gekennzeichnet, die nicht zwingend gleichbedeutend mit Wachstum ist. Nicht allein, aber doch zu einem großen Anteil wurde diese Dynamik durch den Eintritt ins Zeitalter der Informationstechnologie und den Wandel von der Industrie- zur Informationsgesellschaft induziert.

Gerne führen renommierte Ökonomen an dieser Stelle das Kondratieff-Zyklus-Theorem an, das nach dem russischen Wirtschaftswissenschaftler Nikolai Kondratieff (1892-1938) benannt wurde. Danach bestimmen technologische Innovationen die Zustandsform der Gesellschaft und sie beeinflussen den konjunkturellen Verlauf der Wirtschaft. Im Zeitverlauf ergeben sich aufeinander folgende Innovationswellen, die idealtypischer Weise aus den Phasen Boom, Rezession, Depression und Erholung bestehen und sich im Abstand von 40 bis 60 Jahren wiederholen.[1]

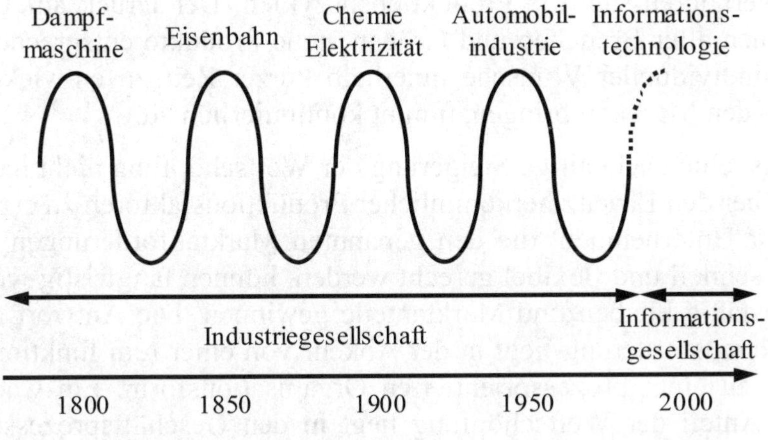

Abb. 1. Kondratieff-Zyklen seit Ende des 18. Jahrhunderts[2]

---

[1] Vgl. Schumpeter (1939).

[2] Vgl. Nefiodow (1999), S. 3.

Im Sinne des Kondratieff-Zyklus-Theorems verhelfen technologische Innovationen einer stagnierenden, an der Produktivitätsgrenze angelangten Wirtschaft zu neuem Wachstum, wenn sich die Gesellschaft und die Wirtschaft deren Anwendungsmöglichkeiten öffnen. Waren seit Ende des 18. Jahrhunderts produktivitätsfördernde Basisinnovationen wie die Dampfmaschine, die Eisenbahn, Chemie, Elektrizität oder das Auto maßgebend für die Zustandsform der Gesellschaft – die Industriegesellschaft, so wurde Mitte der 1980er Jahre mit der Informationstechnologie der fünfte Kondratieff-Zyklus und damit die Informationsgesellschaft eingeleitet.[3]

Die Informationstechnologie als Basisinnovation des fünften Kondratieff-Zyklus beeinflusste demnach die Zustandsform der Gesellschaft stärker als die bereits erwähnten vorangegangenen technologischen Innovationen; sie bewirkte schließlich den Wandel von der Industrie- zur Informationsgesellschaft. Ökonomisch betrachtet, bedeutet dies unter anderem eine nachhaltige Veränderung der Nachfragestrukturen. Dies hat letztlich eine außerordentlich dynamische Wirtschaftsweise induziert. Kennzeichnend dafür sind der Wandel von Verkäufer- zu Käufermärkten, der globale Wettbewerb, die wachsende Produktvielfalt und der zunehmende Preisdruck. Gleichzeitig verkürzen sich die Produktlebenszyklen. Der Druck auf Unternehmen aller Branchen und Größen, neue Produkte entsprechend kundenindividueller Wünsche innerhalb kurzer Zeit zu entwickeln und auf den Markt zu bringen, nimmt kontinuierlich zu.

Dabei ist eine nachhaltige Steigerung der Wertschöpfung nicht mehr allein über den Einsatz herkömmlicher Produktionsfaktoren zu erzielen. Nur Unternehmen, die den genannten Marktanforderungen jederzeit schnell und flexibel gerecht werden, können langfristig wettbewerbsfähig bleiben und Marktanteile gewinnen. Die Antwort auf diese Herausforderung liegt in der Abkehr von einer rein funktionalen hin zu einer prozessorientierten Organisationsform. Ein wachsender Anteil der Wertschöpfung liegt in den Geschäftsprozessen. Die Informationstechnologie als Basisinnovation bietet heute genügend Werkzeuge, um betriebliche Abläufe effizient zu gestalten und auszuführen; sie ist zum strategischen Erfolgsfaktor geworden.

---

[3] Vgl. Wirtz (2001), S. 2 ff.

1.1 Grundlagen des Electronic Business

In der betriebswirtschaftlichen Praxis findet die digitale Abbildung von Geschäftsprozessen bereits seit Beginn der 1980er Jahre Anwendung. Mit ihr verfolgen Unternehmen das Ziel, betriebliche Abläufe mit Hilfe von Informations- und Kommunikationstechnologie zeitnah, integriert und ohne Medienbrüche effizient zu gestalten und auszuführen.

Als beispielhaft gelten in diesem Zusammenhang die Entwicklungen des deutschen Softwareherstellers SAP, der seinen Unternehmenssitz in Walldorf bei Heidelberg hat. Bereits im Jahr 1979 begann SAP mit der Entwicklung des Systems R/2. Damit wurde in ersten Ansätzen ein Softwaresystem geschaffen, mit dem Unternehmen ihre internen Abläufe – insbesondere in den Bereichen Rechnungswesen, Logistik und Personal –abteilungsübergreifend auf einer einheitlichen Datenbasis und in einem integrierten System abbilden konnten.[4] Der Erfolg des Nachfolgersystems R/3, das den Weg aus der zentralen Großrechner- in die dezentrale Client-Server-Welt ebnete, ist längst Geschichte.

Seit Beginn der 1990er Jahre werden solche Softwaresysteme unter dem Begriff Enterprise Resource Planning (ERP) subsumiert, auch wenn das Attribut Planung allein das Wesen solcher Systeme nicht ausreichend beschreibt.[5] Vielmehr zeichnen sich moderne ERP-Systeme dadurch aus, dass sie neben der Planungsfunktionalität über ergänzende Funktionen zur Steuerung und Kontrolle verfügen. Damit bilden moderne ERP-Systeme den einfachen Management-Regelkreis, der sich aus den Dimensionen Planung, Steuerung und Kontrolle zusammensetzt, ab. Insofern ist gelegentlich auch von Enterprise Resource Management (ERM) die Rede.

Heute, da die digitale Abbildung von Geschäftsprozessen die Unternehmensgrenzen längst überschritten hat, ist die Tragweite des ERP-Begriffs an ihre Grenzen gestoßen. So sind im Laufe der 1990er Jahre neue Begriffe wie Supply Chain Management (SCM), das die Optimierung wertschöpfungskettenübergreifender Geschäftsprozes-

---

[4] Vgl. Plattner/Scheer (2000), S. 112 ff.

[5] Vgl. Gartner (2000), S. 2.

se zum Ziel hat, Customer Relationship Management (CRM), das eine kundenzentrierte Ausrichtung der betrieblichen Abläufe bewirken soll oder Supplier Relationship Management (SRM), das Beschaffungsprozesse sowohl aus operativer als auch aus strategischer Perspektive optimieren soll, entstanden (mehr dazu in Kapitel 2).

Dabei hat sich herausgestellt, dass diese Management-Ansätze in der Praxis nur dann zielführend sind, wenn sie mit technischen Werkzeugen auf Basis moderner Informations- und Kommunikationstechnologie untermauert werden. Als Begriff, der diesem Umstand sowohl in technischer als auch in betriebswirtschaftlicher Hinsicht gerecht wird, hat sich der des Electronic Business, kurz E-Business, etabliert.

1.1.1 Akteure und Geschäftsmodelle

Getrieben durch den Internet-Hype gegen Ende der 1990er Jahre, schlug sich das Prinzip der digitalen Abbildung von Geschäftsprozessen zunächst in einer Vielzahl von Synonymen nieder. Zu den bekanntesten dürften Digital Business, Electronic Commerce oder Web Business gehören. Durchgesetzt hat sich schließlich der Begriff E-Business, den IBM bereits 1996 geprägt hat und der bis heute in der betriebswirtschaftlichen Praxis und Theorie allgemein Anwendung findet.

Unter E-Business wird die *Anbahnung, Unterstützung, Abwicklung und Aufrechterhaltung von Leistungsaustauschprozessen über elektronische Netze*, insbesondere das Internet, verstanden. Leistungsaustauschprozesse sind Prozesse, bei denen materielle und immaterielle Güter und Dienstleistungen in der Regel gegen kompensatorische Leistungen, beispielsweise Ware gegen Geld, transferiert werden.[6] Eine umfassende E-Business-Strategie *schließt dabei die gesamte Geschäftsprozesskette eines Unternehmens ein und betrifft vor allem den elektronischen Verkauf und Einkauf sowie eine Optimierung der Logistik*.[7]

---

[6] Vgl. Wirtz (2001), S. 34.
[7] Vgl. Hoffmann/Zilch (2000), S. 13.

In einer übergreifenden Definition wird E-Business als Oberbegriff für *unterschiedliche Formen des Einsatzes elektronischer Kommunikations- und Kooperationsmechanismen zur Realisierung, Unterstützung und Optimierung* unternehmensinterner und unternehmensübergreifender Geschäftsprozesse bezeichnet.[8]

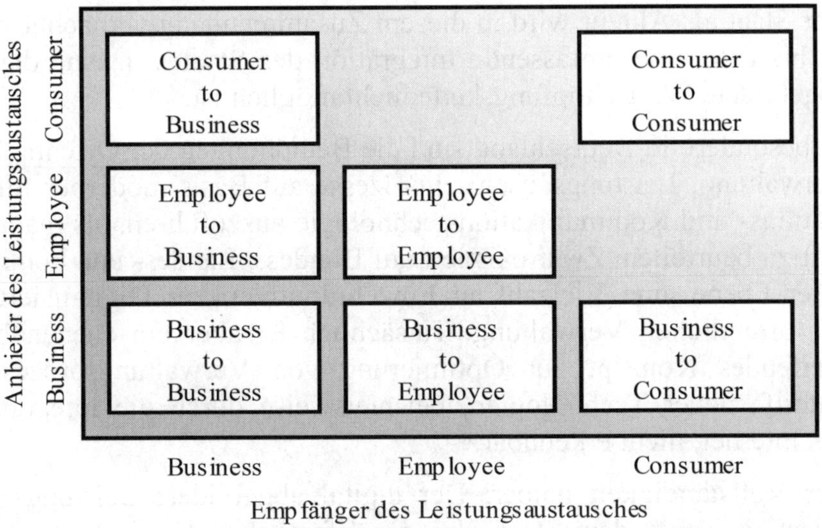

Abb. 2. Akteure und Geschäftsmodelle des E-Business[9]

Zu den Akteuren des E-Business gehören die Anbieter und Empfänger der Leistungsaustauschprozesse, die mittels moderner Informations- und Kommunikationstechnologie digital abgebildet werden. So treten als Akteure Unternehmen (Business), Mitarbeiter (Employee) und private Konsumenten (Consumer) auf. Schließlich treten diese Akteure in Interaktion, wobei prinzipiell drei Ausprägungen von E-Business-Geschäftsmodellen unterschieden werden:

- Business-to-Consumer (B2C) beschreibt den Leistungsaustausch zwischen Unternehmen und Privatkunden beziehungsweise privaten Konsumenten.

[8] Vgl. Zwißler (2002), S. 9.
[9] Vgl. Wirtz (2001), S. 35.

- Business-to-Employee (B2E) beschreibt den Leistungsaustausch zwischen Unternehmen und Mitarbeitern.
- Business-to-Business (B2B) beschreibt den Leistungsaustausch zwischen Unternehmen und Geschäftskunden beziehungsweise Partnerunternehmen.

Der Staat als Akteur wird in diesem Zusammenhang vernachlässigt, da bis dato eine umfassende Integration des Staates in eine digital abgebildete Wertschöpfungskette nicht möglich ist.

Insbesondere in Deutschland sind die Bemühungen der Öffentlichen Verwaltung, Leistungsaustauschprozesse auf Basis moderner Informations- und Kommunikationstechnologie auszuführen, als mangelhaft zu beurteilen. Zwar existiert auf Bundes-, Landes- und kommunaler Ebene eine Vielzahl an Einzelinitiativen zur Digitalisierung der öffentlichen Verwaltung. Tatsächlich ist aber ein ebenenübergreifendes Konzept zur Optimierung von Verwaltungsprozessen mithilfe neuer Technologien, beispielsweise durch die Integration des Internet, nicht erkennbar.[10]

Der Vollständigkeit halber: Der digital abgebildete Leistungsaustausch zwischen dem Staat, also der öffentlichen Verwaltung sowie öffentlichen Einrichtungen und Institutionen, und den genannten Akteuren – Unternehmen, Mitarbeitern und privaten Konsumenten – wird unter dem Begriff E-Government subsumiert.

Der Schwerpunkt dieses Buchs liegt insbesondere auf dem E-Business im B2B-Bereich, bei dem eine umfassende Integration der Informations- und Kommunikationstechnologie in unternehmensinterne und unternehmensübergreifende Geschäftsprozesse mit dem Ziel der nachhaltigen Steigerung der Wertschöpfung betrieben wird.

1.1.2 Marktentwicklung und Potenziale

Die Informations- und Kommunikationstechnologie hat sich als Basistechnologie und als Treiber der Wirtschaft etabliert. Seit geraumer Zeit erfolgt die Integration von E-Business in immer mehr Geschäftsprozesse mit dem Ziel der operationalen Effizienzsteigerung

---

[10] Vgl. Montanus (2003a).

und Kostensenkung. Es ist zu erwarten, dass sich diese Entwicklung stetig fortsetzen und an Dynamik gewinnen wird.[11]

Dafür sprechen insbesondere der Ausbau der Netzinfrastrukturen und die Weiterentwicklung der Zugangstechnologie, die wachsende Akzeptanz und Nutzung der Informations- und Kommunikationstechnologie, die Deregulierung und Liberalisierung der Telekommunikationsmärkte sowie die Konvergenz im Informations- und Kommunikationsbereich.[12]

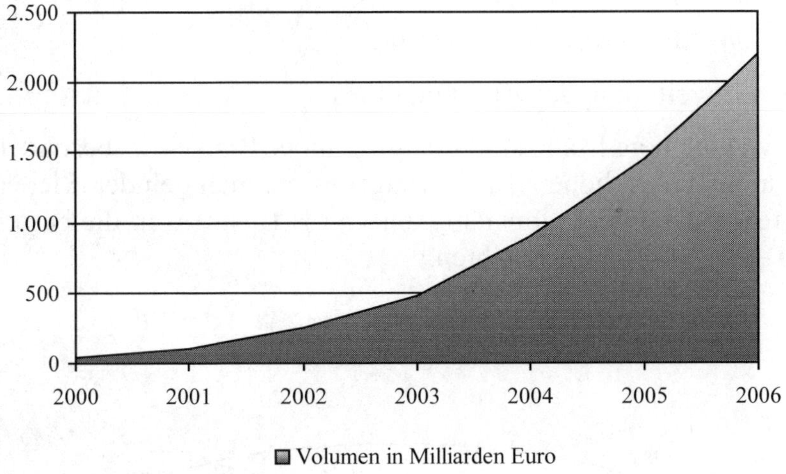

Abb. 3. Entwicklung des europäischen Online-B2B-Handelsvolumens[13]

Im Zuge dieser Entwicklung soll das europäische B2B-Handelsvolumen, das über elektronische Netze abgewickelt wird, laut Forrester Research bis zum Jahr 2006 auf 2,2 Billionen Euro anwachsen. Nach Schätzungen des Marktforschungsunternehmens entspräche dies einem Anteil von 22 Prozent am gesamten europäischen B2B-Umsatz.

[11] Vgl. Accenture (2001), S. 4.
[12] Vgl. Wirtz (2001), S. 112 ff.
[13] Vgl. Forrester Research (2002a), S. 5.

Laut einer Untersuchung der Bundesvereinigung der Deutschen Arbeitgeberverbände sehen deutsche Unternehmen durch die Einführung von E-Business die größten Chancen in folgenden Bereichen:

- Steigerung der Prozesseffizienz,
- Imagegewinn,
- Erweiterung des Beschaffungsmarktes,
- Senkung von Transaktionskosten,
- Erhöhung der Kundenbindung,
- Wettbewerbsdifferenzierung,
- Erweiterung des Absatzmarktes.

In etwa gleichem Maße sind demgegenüber Risiken insbesondere in Verbindung mit hohen Einführungskosten, mangelnder Sicherheit und fehlender Integrationsfähigkeit von E-Business in die bestehende IT-Infrastruktur zu beachten.[14]

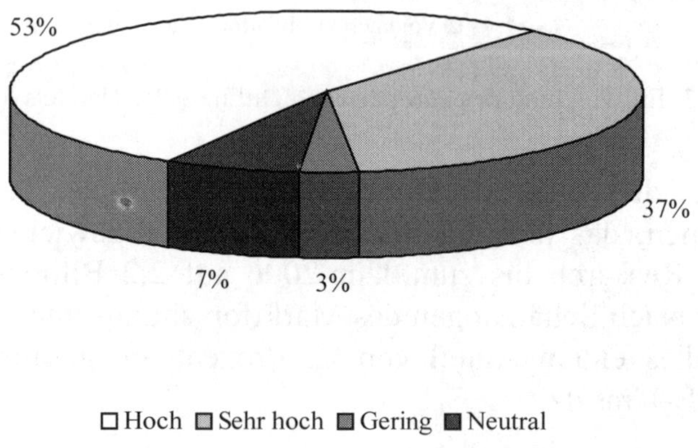

Abb. 4. Zukünftige Bedeutung des E-Business für Unternehmen[15]

[14] Vgl. Bundesvereinigung der Deutschen Arbeitgeberverbände (2001), S. 11f.
[15] Vgl. Booz Allen & Hamilton (2001), S. 4.

Tendenziell deckt sich aber die positive Prognose von Forrester Research für die Entwicklung des europäischen Online-B2B-Handelsvolumens mit der Einschätzung deutscher Unternehmen über die zukünftige Bedeutung des E-Business. Hier gehen 90 Prozent von einer hohen oder sehr hohen Bedeutung aus, so die Ergebnisse einer Studie der Unternehmensberatung Booz Allen & Hamilton. Lediglich drei Prozent der Unternehmen messen dem E-Business eine geringe Bedeutung bei. Sieben Prozent bewerten die zukünftige Bedeutung des E-Business als neutral.

Im Zusammenhang mit den genannten Optimierungspotenzialen lässt sich feststellen, dass deutsche Unternehmen von der Notwendigkeit des E-Business grundsätzlich überzeugt sind.

Abschließend bleibt zu bemerken, *dass es sich bei E-Business nicht ausschließlich um die informationstechnologische Modernisierung von Geschäftsprozessen handelt. Vielmehr bietet E-Business die Möglichkeit, traditionelle Unternehmensprozesse mit Hilfe der modernen Informations- und Kommunikationstechnologie im allgemeinen und des Internet im besonderen zu reorganisieren und zu optimieren.*[16]

Schon gar nicht ist E-Business ein Geschäftsmodell per se. Vielmehr kann E-Business traditionelle Unternehmen bei dem Erreichen ihrer operativen und strategischen Ziele in ihrem jeweiligen Kerngeschäft unterstützen.

---

[16] Vgl. Dunz (2002), S. 25.

1.2 Mittelstand und Electronic Business

Die veränderten wirtschaftlichen Rahmenbedingungen, die im wesentlichen durch globalen Wettbewerb, kürzere Produktlebenszyklen, steigende Kundenerwartungen und erhöhten Preisdruck gekennzeichnet sind, stellen hohe Anforderungen an Unternehmen aller Branchen und Größen. Nur eine integrierte Wertschöpfungskette, die schnell und flexibel auf wechselnde Marktanforderungen reagieren kann, wird langfristig erfolgreich sein.

Großunternehmen und Konzerne haben dies erkannt. Sie versuchen, die Effizienz und Flexibilität ihrer Geschäftsprozesse durch den Einsatz moderner Informations- und Kommunikationstechnologie zu erhöhen – in der Regel auf Kosten kleinerer und mittelständischer Unternehmen, die Teil der Wertschöpfungskette sind. Mittelständische Zulieferer werden in Zugzwang gesetzt; sie müssen sich in die Szenarien eingliedern, die von Großunternehmen und Konzernen vorgegeben werden.

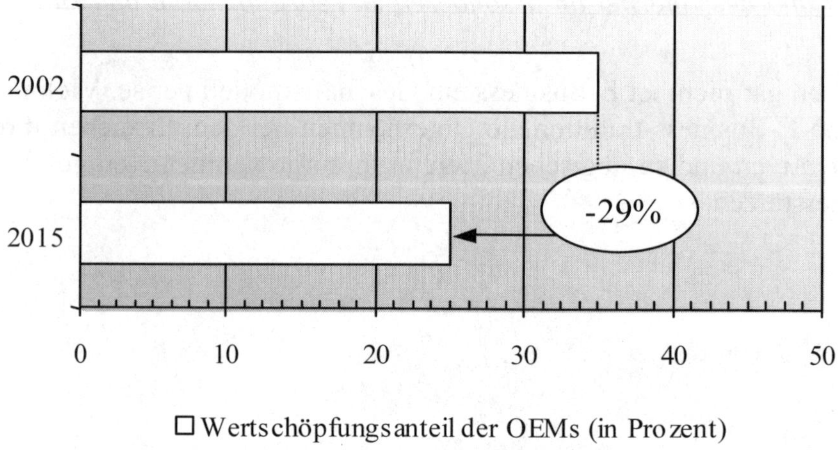

Abb. 5. Veränderung der Wertschöpfung in der Automobilindustrie[1]

[1] Vgl. Automobil-Produktion (2003a).

Beispielhaft zeichnet sich diese Entwicklung in der Automobilindustrie, in der die Hersteller (OEMs) aufgrund ihrer Machtstellung die Rahmenbedingungen diktieren, deutlich ab. So ist die Wertschöpfungstiefe der Automobilhersteller im Jahr 2002 auf 35 Prozent gesunken (s. Abb. 5). Demzufolge trägt die Zulieferindustrie mittlerweile 65 Prozent zur Gesamtwertschöpfung in der Automobilindustrie bei. Diese neue Qualität der Hersteller-Lieferanten-Beziehung bringt eine Reihe von Problemen mit sich.

Ausgelöst durch ihre globale Präsenz, hat sich der Wettbewerb unter den Automobilherstellern in den letzten Jahren erheblich verschärft. Der Kostendruck nimmt auf allen Wertschöpfungsstufen zu, wobei aufgrund des sinkenden Wertschöpfungsanteils der Herstellern ein Großteil dieses Drucks von der Zulieferindustrie bewältigt werden muss. Während die Zulieferer also auf der einen Seite zusätzliche Leistungen in Entwicklung und Fertigung übernehmen müssen, sind sie auf der anderen Seite zur Einleitung von Kostensenkungsmaßnahmen gezwungen.

Solchen Herausforderungen werden langfristig nur jene Unternehmen entgegnen können, die eine konsequente Geschäftsprozessorientierung praktizieren und gleichzeitig die Effizienz und Flexibilität ihrer betrieblichen Abläufe durch den Einsatz neuer Technologien steigern. Als Teil einer Wertschöpfungskette, die im Idealfall ohne Medienbrüche funktioniert, müssen sich kleine und mittelständische Unternehmen mit der digitalen Abbildung von Geschäftsprozessen unter Berücksichtigung operativer, strategischer und technischer Aspekte auseinander setzen.

1.2.1 Europas größter Wirtschaftszweig

Obwohl der Mittelstand Europas bedeutsamstes Wirtschaftssegment ist, gibt es keine allgemein gültige Definition mittelständischer Unternehmen. Vielmehr existiert eine Vielzahl an Begriffsbestimmungen, die sich mangels weiterer typisierender Daten oft auf die Merkmale Beschäftigtenzahl und Jahresumsatz beschränken.[2] Neben diesen beiden Eigenschaften reicht die Palette der zur Abgrenzung des Mittelstands herangezogenen Kriterien von der Bilanzsumme

[2] Vgl. Institut für Mittelstandsforschung Bonn (2003).

über die Bruttowertschöpfung, das Anlagevermögen bis hin zu einer Kombination aus mehreren dieser Kriterien.

Am 6. Mai 2003 hat die Europäische Kommission eine neue Empfehlung zur Definition von Kleinstunternehmen sowie von kleinen und mittleren Unternehmen herausgegeben, die ab dem 1. Januar 2005 gelten soll. Danach beschäftigen mittelständische Unternehmen bis zu 249 Mitarbeiter und ihr Umsatz beträgt maximal 50 Millionen Euro oder ihre Bilanzsumme übersteigt 43 Millionen Euro nicht. Bei der derzeit im Gemeinschaftsrecht geltendenden Regelung von 1996 liegt die Umsatzgrenze bei 40 Millionen Euro und die Obergrenze der Bilanzsumme bei 27 Millionen Euro.[3]

Die Empfehlung der Europäischen Kommission findet im europäischen Wirtschaftsraum Anwendung. Sie richtet sich an die Mitgliedsstaaten, die Europäische Investitionsbank und den Europäischen Investitionsfonds. Zu beachten ist in diesem Zusammenhang die Zweckgebundenheit dieser Definition. Da kleine und mittelständische Unternehmen wirtschaftlich wie gesellschaftlich eine wichtige Stellung innerhalb Europas einnehmen, sie gleichzeitig aber einer Reihe von finanziellen und politischen Risiken ausgesetzt sind, erhalten sie Beihilfen und Fördermittel von der Europäischen Union. Damit sollen unternehmerische Initiative, Investitionen und Wachstum unterstützt und der Zugang zu Risikokapital erleichtert werden. Um einen Missbrauch der Mittel zu vermeiden, hat die Europäische Kommission eine eindeutige Mittelstandsdefinition eingeführt, auf deren Grundlage diese gewährt werden können.

	Mitarbeiterzahl	Jahresumsatz	Bilanzsumme
mittlere Unternehmen	249	EUR 50 Mio.	EUR 43 Mio.
kleine Unternehmen	49	EUR 10 Mio.	EUR 10 Mio.
Kleinstunternehmen	9	EUR 2 Mio.	EUR 2 Mio.

Abb. 6. Mittelstandsdefinition der Europäischen Kommission

Laut Angaben des Instituts für Mittelstandsforschung der Universität Mannheim sind mehr als 99 Prozent aller Unternehmen in den nichtlandwirtschaftlichen Sektoren der Europäischen Union kleine und

[3] Vgl. Institut für Mittelstandsforschung der Universität Mannheim (2003).

mittlere Unternehmen, die weniger als 250 Mitarbeiter beschäftigen. Sie stellen 66 Prozent der Arbeitsplätze zur Verfügung und erwirtschaften 55 Prozent der gesamten Wertschöpfung.

Das Institut für Mittelstandsforschung Bonn hat Berechnungen durchgeführt, denen Erhebungen des Statistischen Bundesamtes, des Instituts für Arbeitsmarkt und Berufsforschung, des Zentralverbands des Deutschen Handwerks und des Bundesverbands der Freien Berufe zugrunde liegen. Danach ergeben sich für den Mittelstand in Deutschland folgende Schlüsselzahlen für die Jahre 2001 und 2002:

- 2001 betrug der Anteil des Mittelstands an der Gesamtanzahl der Unternehmen 99,7 Prozent.
- 2001 betrug der Anteil des Mittelstands am Gesamtumsatz der Unternehmen 42,1 Prozent.
- 2002 zählte der Mittelstand 20 Millionen Beschäftigte; der Anteil an der Gesamtbeschäftigung betrug damit 69,7 Prozent.
- 2002 stellte der Mittelstand 82,8 Prozent der Ausbildungsplätze zur Verfügung.

Im Gegensatz zur Definition der Europäischen Kommission verwendet die Industrie in der Regel eine weiter gefasste Definition. Beispielsweise gehören für den weltweit größten IT-Anbieter IBM Unternehmen, die bis zu 1.000 Mitarbeiter beschäftigen, zum Mittelstand.

Als Grundlage für dieses Buch soll eine weit gefasste Definition dienen, die mittelständische Unternehmen in erster Linie über ihre Organisationsstrukturen und ihre Position innerhalb der Wertschöpfungskette definiert, nicht aber allein über die Merkmale Beschäftigtenzahl und Jahresumsatzgröße. Im Kontext des Einsatzes moderner Informations- und Kommunikationstechnologie zur Optimierung von Geschäftsprozessen ist die Definition des Mittelstands allein anhand quantitativer Kriterien unbefriedigend.

Sicherlich kann man sagen, dass Kleinstunternehmen im Sinne der Definition der Europäischen Kommission, also Unternehmen mit bis zu neun Mitarbeitern, moderne Informations- und Kommunikationstechnologie tendenziell weniger zur Optimierung unternehmensübergreifender Geschäftsprozesse nutzen werden. Der Anwendungsbereich dürfte sich in diesem Segment in der Regel auf die Vereinfachung der Kommunikation mit Mitarbeitern, Kunden und Partnerunternehmen, beispielsweise durch den Einsatz von E-Mail-Systemen, oder die Unternehmenspräsentation im Internet mittels einer eigenen Web-Seite beschränken.

Eine generelle Aussage über den Einsatzgrad von Informations- und Kommunikationstechnologie in Abhängigkeit der Mitarbeiterzahl ist dennoch nicht möglich. Zahlreiche Untersuchungen, die im folgenden Unterkapitel vorgestellt werden, bestätigen dies. Neben quantitativen sind also auch qualitative Merkmale wie etwa die Einheit von Eigentum, Leitung, Haftung und Risiko sowie die verantwortliche Mitwirkung der Leitung an allen unternehmenspolitisch relevanten Entscheidungen zur Abgrenzung mittelständischer Unternehmen von entscheidender Bedeutung.

An dieser Stelle sei auf Ludwig Erhards Einschätzung aus dem Jahr 1956 verwiesen: „Wenn wir Mittelstand nur vom Materiellen her begreifen, wenn man Mittelstand sozusagen nur an der Steuertabelle ablesen kann, dann ist dem Mittelstandsbegriff meiner Ansicht nach eine sehr gefährliche Wendung gegeben. Der Mittelstand kann materiell in seiner Bedeutung nicht voll ausgewogen werden, sondern er ist viel stärker ausgeprägt durch eine Gesinnung und eine Haltung im gesellschaftswirtschaftlichen und politischen Prozess“.

Der Deutsche Industrie- und Handelskammertag (DIHK) formuliertes es einmal so: „Mittelstand ist insbesondere eine Frage der Geisteshaltung, der Entscheidungsstrukturen und der Bereitschaft, unternehmerisches Risiko zu tragen.“

Eine eindeutige und allgemein gültige Definition des Mittelstands – wie sie sich etwa anhand der Kriterien Beschäftigtenzahl und Jahresumsatz herbeiführen ließe, was aber unbefriedigend ist – scheint demnach nicht möglich zu sein. Es ist die Vielzahl der Branchen und der betrieblichen Organisationsformen, die diesen für die deutsche und europäische Volkswirtschaft so wichtigen Wirtschaftbereich ausmacht.

1.2.2 E-Business-Verbreitung im Mittelstand

Moderne Informations- und Kommunikationstechnologie bildet die Basis für die digitale Abbildung unternehmensübergreifender Geschäftsprozesse. In diesem Zusammenhang ist insbesondere das Internet mit seinen Diensten, Protokollen und Standards hervorzuheben, das als technisches Fundament für E-Business-Anwendungen seit Mitte der 1990er Jahre mehr und mehr an Bedeutung gewinnt.[4]

Mittlerweile sind die Produkte nahezu jedes größeren Softwareherstellers webfähig. Beispielsweise hat SAP 1999 unter dem Namen mySAP.com seine Internetstrategie vorgestellt. Im Rahmen von mySAP.com sind eine Reihe neuer Produkte entstanden – unter anderem für die Bereiche Supply Chain und Customer Relationship Management, mit denen die echtzeitnahe Ausführung und Integration von Geschäftsprozesse über das Internet stattfinden kann. Im Idealfall erfolgt der Zugriff aus diese Applikationen über ein Unternehmensportal, das sämtliche für den jeweiligen Anwender relevanten Anwendungen und Informationen unter einer einzigen webbasierten Benutzeroberfläche bündelt. Auf diese Weise können Mitarbeiter, Lieferanten oder auch Kunden in Abhängigkeit ihrer Benutzerrechte per Internet-Browser auf diese Applikationen zugreifen.[5]

Neben der Ausführung von Geschäftsprozessen auf Basis webbasierter Softwaresysteme bietet das Internet auch neue Möglichkeit zur Vernetzung von Unternehmen miteinander, beispielsweise von Lieferanten mit deren Abnehmern. Zu nennen wäre hier etwa WebEDI, das im Vergleich zu klassischem EDI (Electronic Data Interchange) einen deutlich kostengünstigeren Austausch von Geschäftsdokumenten wie Aufträgen oder Rechnungen zwischen Unternehmen ermöglicht. Langfristig ist davon auszugehen, dass einige der EDI-Formate – wenn nicht so gar ihr Großteil – in vollständig internetbasierte Nachrichtenformate überführt werden. Das XML-Format (Extensible Markup Language), auf dessen Basis ebenfalls Geschäftsdokumente erstellt werden können, wird in diesem Zusammenhang weiter an Bedeutung gewinnen (mehr dazu in Kapitel 3).

---

[4] Vgl. Mattes (1999), S. 91.

[5] Vgl. Plattner/Scheer (2000), S. 263 ff.

Zusammenfassend kann man sagen: Mit der zunehmenden Verbreitung des Internet wachsen die Möglichkeiten zur effizienten digitalen Abbildung von Geschäftsprozessen sowie zur kostengünstigen Vernetzung der Unternehmen miteinander. Daher kann die weitere Verbreitung des Internet in den Unternehmen als Grundlage für einen steigenden E-Business-Einsatzgrad betrachtet werden.

Laut einer Untersuchung zum elektronischen Geschäftsverkehr, die im Jahr 2001 durch das damalige Bundesministerium für Wirtschaft und Technologie in Auftrag gegeben und durchgeführt wurde, hat der Anteil der deutschen Unternehmen mit Internetzugang zwischen 1999 und 2001 von 67 Prozent auf 89 Prozent zugenommen. Das stärkste Wachstum mit einer Steigerungsrate von über 120 Prozent verzeichnete dabei das Segment der Kleinstunternehmen, die bis zu neun Mitarbeitern beschäftigen.

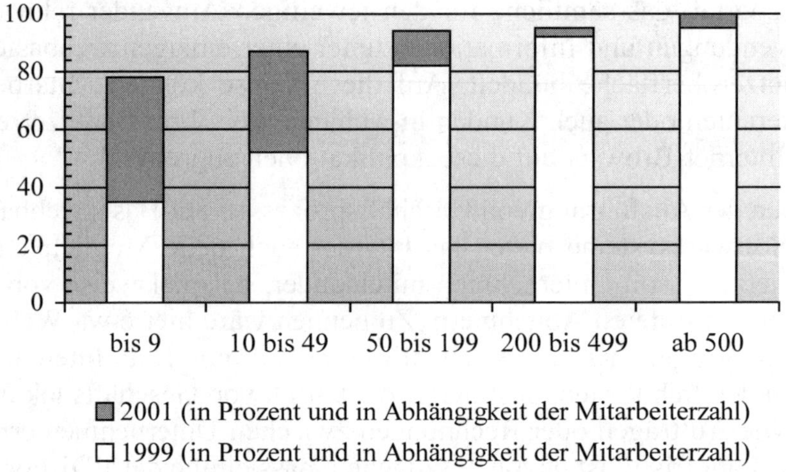

Abb. 7. Unternehmen mit Internetzugang[6]

Aber auch im Segment der Unternehmen mit zehn bis 49 Mitarbeitern hat die Verbreitung im Untersuchungszeitraum um mehr als 70 Prozent zugenommen, gefolgt von Betrieben, die 50 bis 199 Mitar-

[6] Vgl. Bundesministerium für Wirtschaft und Technologie (2001), S. 22 ff.

beiter beschäftigen. In diesem Segment lag das Wachstum bei etwa 15 Prozent.

Dennoch ist die Verbreitung von Internetzugängen bei kleineren Unternehmen deutlich geringer als bei Großunternehmen. Während das Segment der Großunternehmen mit mehr als 500 Mitarbeitern zu 100 Prozent mit Internetzugängen ausgestattet ist, verfügen nicht einmal 80 Prozent der Kleinstunternehmen mit bis zu neun Mitarbeitern über einen solchen.

Eine Untersuchung aus dem Jahr 2003, die im Auftrag der Europäischen Kommission durchgeführt wurden, zeigt, dass die Verbreitung von Internetzugängen mit einer Bandbreite von mehr als zwei Megabit pro Sekunde in Europa insbesondere bei kleineren Unternehmen gering ist. Während im Untersuchungszeitraum 42 Prozent der Unternehmen des gehobenen Mittelstands und Großunternehmen mit mindestens 250 Mitarbeitern über Breitbandzugänge zum Internet verfügten, griff nicht einmal jedes zehnte Unternehmen, das bis zu 49 Mitarbeiter beschäftigte, mit einer Bandbreite von mehr als zwei Megabit pro Sekunde auf das Internet zu.

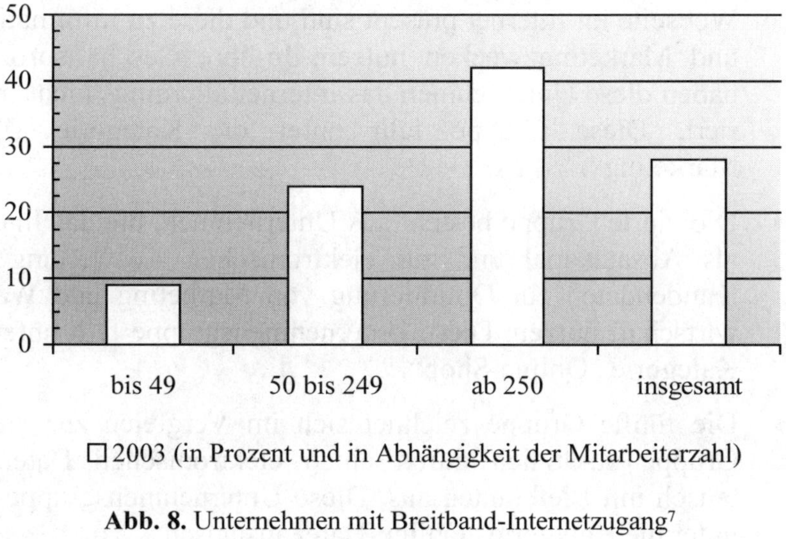

Abb. 8. Unternehmen mit Breitband-Internetzugang[7]

---

[7] Vgl. European Commission (2003), S. 12.

Zu den am weitest verbreiteten Internetzugangstechnologien gehörten im Jahr 2003 ISDN und DSL mit einem Marktanteil von 30 beziehungsweise 35 Prozent, wobei noch rund ein Viertel der kleineren Unternehmen mit bis zu 49 Mitarbeitern Analogmodems mit einer Übertragungsrate von bis zu 56 Kilobit pro Sekunde einsetzen.

Ausgehend vom Internetzugang als technische Basis für E-Business Anwendungen haben der weltgrößte IT-Anbieter IBM und das Unternehmermagazin Impulse in ihrer jährlich erscheinenden Studie zum „Internet- und E-Business-Einsatz im bundesdeutschen Mittelstand" die untersuchten Unternehmen in sechs E-Business-Typen eingeteilt. Die sechs Typen stellen unterschiedliche Grade der Integration des Internet in die Geschäftsprozesse dar:

- Die erste Gruppe bilden Unternehmen, die weder E-Mail noch Internetdienste nutzen. Diese Unternehmensgruppe wird als „offline" bezeichnet.
- Die zweite Gruppe setzt sich aus Unternehmen zusammen, die sowohl E-Mail als auch Internetdienste nutzen. Diese Unternehmensgruppe wird als „passiv online" bezeichnet.
- Die dritte Gruppe bilden Unternehmen die mit einer eigenen Webseite im Internet präsent sind und diese zu Informations- und Marketingzwecken nutzen. In ihre Geschäftsprozesse haben diese Unternehmen das Internet allerdings nicht integriert. Diese Gruppe fällt unter die Kategorie „Web-Marketing".
- Die vierte Gruppe besteht aus Unternehmen, die das Internet als Absatzkanal und zur elektronischen Auswertung von Kundendaten zur Optimierung von Marketing und Warenwirtschaft nutzen. Diese Unternehmensgruppe fällt unter die Kategorie „Online-Shop".
- Die fünfte Gruppe zeichnet sich im Vergleich zur vierten Gruppe zusätzlich durch einen elektronischen Datenaustausch mit Lieferanten aus. Diese Unternehmensgruppe fällt unter die Kategorie „Online-Datenaustausch".
- Die sechste Gruppe bilden Unternehmen mit einer hoch integrierten Geschäftsprozesskette in den Bereichen Einkauf,

Vertrieb und Warenwirtschaft unter Einbeziehung der Kunden und Lieferanten auf Basis des Internet. Diese Unternehmensgruppe fällt unter die Kategorie „elektronische Supply Chain".

Weiter klassifizieren IBM und Impulse die Gruppe Zwei als „Passiv-User", die Gruppen Drei und Vier als „fortgeschrittene User" sowie die Gruppen Fünf und Sechs als „Profi-User".

Von 2000 bis 2003 hat sich der Anteil der Unternehmen, die weder E-Mail noch Internetdienste nutzen, von fünf auf zwei Prozent reduziert. 13 Prozent können im Jahr 2003 als „passiv online" bezeichnet werden. Bemerkenswert ist hier, dass im Jahr 2000 der Anteil dieser Kategorie noch bei 31 Prozent lag. Hier zeichnet sich eine deutliche Verschiebung zugunsten höherer E-Business-Typen ab. So verfügen inzwischen über 80 Prozent der Befragten über eine eigene Website, die sie für Marketingzwecke, insbesondere zur Produkt- und Unternehmenspräsentation, nutzen.

Als Vertriebskanal nutzen 17 Prozent der Unternehmen das Internet; im Jahr 2000 hatten lediglich sieben Prozent der Befragten einen eigenen Online-Shop installiert, um Waren und Dienstleistungen per Internet zu verkaufen. Bei 16 Prozent wird der Datenaustausch mit Lieferanten und Geschäftspartnern inzwischen digital abgebildet, wobei lediglich 7 Prozent der Unternehmen das Internet in wertschöpfungskettenübergreifende Geschäftsprozesse integrieren. Doch auch dies bedeutet eine erhebliche Steigerung: Im Jahr 2000 tat dies nur jedes fünfzigste Unternehmen.

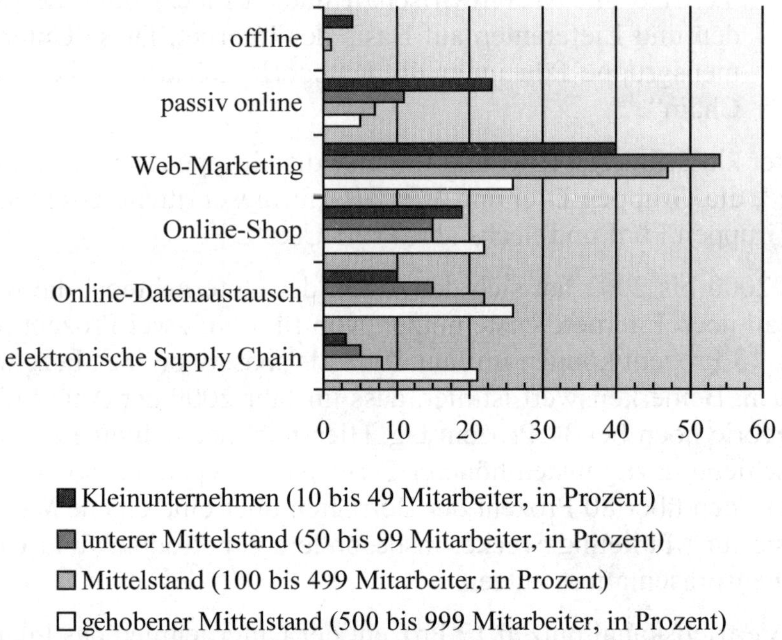

Abb. 9. Typisierung der E-Business-Nutzung[8]

Ein differenzierteres Bild ergibt sich bei der Typisierung der E-Business-Nutzung in Abhängigkeit von der Unternehmensgröße. Hier gilt grundsätzlich, dass sich mit zunehmender Mitarbeiterzahl die Anteile zugunsten der höheren E-Business-Entwicklungsstufen verschieben. Umfassendere Projekte wie die Integration des Internets in bestehende Lieferketten werden bis dato überwiegend von größeren Unternehmen durchgeführt.

Die digitale Abbildung von Geschäftsprozessen wird durch den Einsatz von E-Business-Softwarelösungen effektiv unterstützt. Vielmehr ist die Implementierung solcher Applikationen erforderlich, um eine hoch integrierte Wertschöpfungskette vom Lieferanten bis hin zum Endverbraucher, die die Anzahl der Medienbrüche auf ein Minimum reduziert, herzustellen.

---

[8] Vgl. IBM/Impulse (2003), S. 14 ff.

Dennoch gestaltet sich in vielen Fällen die Einführung von E-Business-Software als kostenintensiv; zudem hat die Anwendungsimplementierung meist einen großen Einfluss auf die Geschäftsprozessgestaltung. Eine Anpassung der betrieblichen Abläufe ist mit der Softwareeinführung eng verbunden, wenngleich die Bereitschaft, bestehende Abläufe zu verändern, in mittelständischen Unternehmen oft nicht vorhanden ist. Deshalb haben in der Vergangenheit insbesondere Großunternehmen in E-Business-Anwendungen für das Enterprise Resource Planning (ERP), Supply Chain Management (SCM) oder Customer Relationship Management (CRM) investiert, während der Einsatzgrad dieser Anwendungen bei kleineren und mittelständischen Unternehmen als gering zu beurteilen ist.

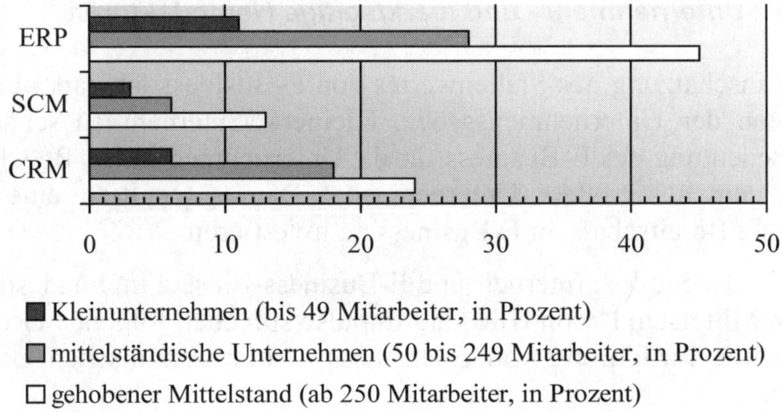

Abb. 10. Einsatzgrad von E-Business-Anwendungen[9]

Laut der bereits erwähnten Studie aus dem Jahr 2003, die von der Europäischen Kommission in Auftrag gegeben wurde, nutzten im Untersuchungszeitraum zum Beispiel nur elf Prozent der kleinen Unternehmen, die bis zu 49 Mitarbeiter beschäftigen, ERP-Anwendungen. Dagegen liegt der ERP-Einsatzgrad im Segment der Unternehmen mit 50 bis 249 Mitarbeitern bei 28 Prozent. Im gehobenen Mittelstand und in Großunternehmen, die mehr als 249 Mitarbeiter beschäftigen, liegt der ERP-Einsatzgrad bei 45 Prozent.

---

[9] Vgl. European Commission (2003), S. 12.

Zusammenfassend bleibt festzuhalten, dass kleine und mittelständischen Unternehmen im Bereich des Internetzugangs als Basis für das E-Business, der Integration des Internet in Geschäftsprozesse und des Einsatzes von E-Business-Applikationen die größten Wachstumszahlen erreichen. Dennoch ist der E-Business-Einsatzgrad in diesem Segment noch immer deutlich geringer als bei Großunternehmen.

Es ist aber davon auszugehen, dass sowohl im Segment der kleineren Betriebe als auch im Bereich der Großunternehmen komplexere E-Business-Vorhaben, die über die Nutzung des Internets als reines Informations- und Kommunikationsmedium hinausgehen, die Treiber der Entwicklung in den nächsten Jahren sein werden.

1.2.3 Unternehmens- und marktseitige Hemmfaktoren

Die Einschätzung des Stellenwertes von E-Business ist stark abhängig von der Unternehmensgröße. Kleinere Unternehmen schätzen die Bedeutung des E-Business für ihr Unternehmen in der Regel geringer ein als größere Unternehmen.[10] Daraus resultiert eine gedämpfte Bereitschaft, in E-Business zu investieren.

Gemäß der Studie „Internet- und E-Business-Einsatz im bundesdeutschen Mittelstand" von IBM und Impulse sprechen folgende Gründe gegen die Einführung von E-Business in mittelständischen Unternehmen:

- fehlendes Know-how,
- zu hohe Kosten für die Implementierung und den Betrieb,
- noch nicht ausgereifte Technik,
- fehlende Sicherheitsstandards,
- keine Berührungspunkte zum Unternehmen und zu den Produkten.

Aufgrund des Mangels an personellen Ressourcen sind mittelständische Unternehmen nicht in der Lage, E-Business-Projekte selbstständig umzusetzen. Im Gegensatz zu Großunternehmen ist in der

[10] Vgl. Bundesverband Materialwirtschaft, Einkauf und Logistik (2002), S. 4.

Regel kein CIO (Chief Information Officer), der gleichermaßen Geschäftsprozess- und IT-Verständnis besitzt, vorhanden. Dazu besteht die Notwendigkeit, dass Alltagsgeschäft nicht durch ein E-Business-Projekt zu gefährden. Insofern können mittelständische Unternehmen keine Mitarbeitergruppen bilden, die von ihren fachlichen Aufgaben vorübergehend entlastet oder sogar vollständig entbunden werden, um sich ausschließlich auf die Umsetzung eines E-Business-Projekts zu konzentrieren.

Der Mittelstand kann deshalb auf die Einbeziehung externer Dienstleister in den seltensten Fällen verzichten. Allerdings fehlt dem Großteil der Anbieter von E-Business-Software und -Beratungsleistungen die spezifische Kompetenz für den mittelständischen Markt, wodurch die Unternehmen weiter verunsichert werden. Beispielsweise haben 25 Prozent der mittelständischen Unternehmen in Deutschland nach Inanspruchnahme einer Beratungsleistung ihre E-Business-Planungen reduziert.[11]

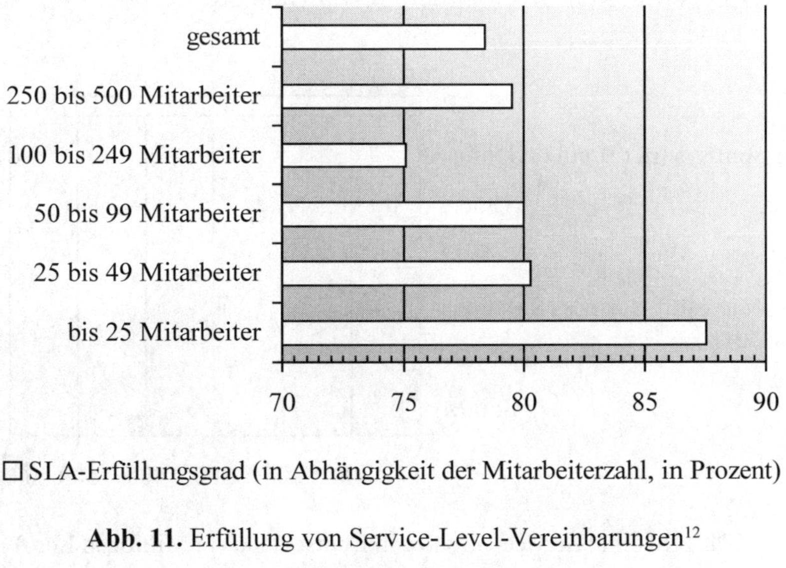

Abb. 11. Erfüllung von Service-Level-Vereinbarungen[12]

[11] Vgl. Meyer (2002).
[12] Vgl. Gartner (2002a), S. 13.

Weil gerade kleine und mittelständische Unternehmen aufgrund ihrer beschränkten Ressourcen auf die Unterstützung durch externe Dienstleister angewiesen sind, kann nur ein hoher Erfüllungsgrad von geschlossenen Service-Level-Vereinbarungen das Vertrauen der Unternehmen in E-Business- und IT-Dienstleistungsunternehmen stärken. Allerdings wurden laut einer Untersuchung von Gartner auf europäischer Ebene die zwischen mittelständischen und IT-Dienstleistern geschlossenen Service-Level-Vereinbarungen im Durchschnitt nur zu 78 Prozent erfüllt.

Insgesamt besteht im Mittelstand nach wir vor erheblicher Informations- und Schulungsbedarf. Es herrscht große Unsicherheit über die einzusetzenden Werkzeuge und Methoden für das E-Business. In der breiten Masse der mittelständischen Unternehmen besteht weiterhin der Eindruck, dass E-Business *zu teuer* ist und nur zu geringen Kosteneinsparungen oder kaum messbaren Produktivitätszuwächsen führt. Deshalb sind mittelstandsspezifische E-Business-Einführungsstrategien gefragt, die bei maximaler Flexibilität den optimalen Einsatz der beschränkten Ressourcen gewährleisten.

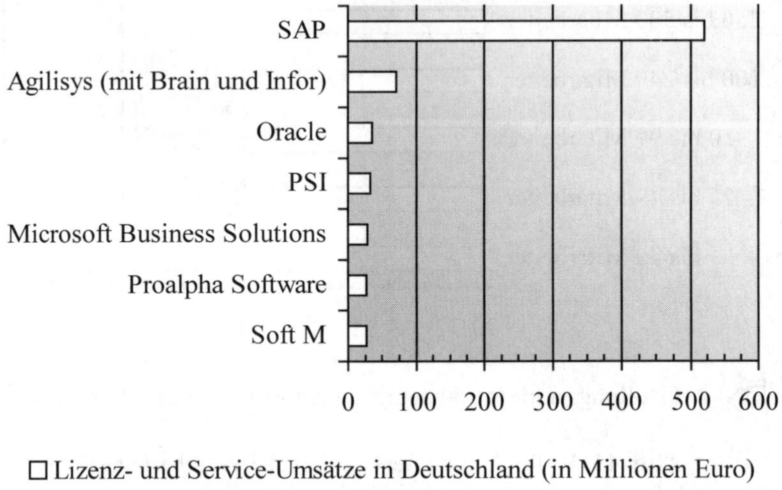

Abb. 12. E-Business-Softwareanbieter für den Mittelstand[13]

[13] Vgl. Pierre Audoin Consultants (2003).

Zwar bietet der Markt eine breite Palette an E-Business-Lösungen für Großunternehmen. Für mittelständische Unternehmen existieren dagegen nur wenige Lösungen, deren Mittelstandstauglichkeit durch erfolgreiche Referenzprojekte belegt wurde.

Der Wettbewerb der E-Business-Lösungsanbieter um kleine und mittelständische Unternehmen nimmt aber rapide zu, so dass in den nächsten Jahren mit einem günstigeren Preis-Leistungs-Verhältnis und einer verbesserten Servicequalität bei den E-Business-Lösungsangeboten zu rechnen ist. Insbesondere steigen mit Microsoft und SAP zwei Schwergewichte der Softwarebranche in das Mittelstandssegment ein, was laut einer Einschätzung der Analysten von Pierre Audoin Consultants zu einer Marktkonsolidierung, aber auch zu einer verstärkten Dynamik im Markt führen dürfte.

1.2.4 Trends in der Automobilzulieferindustrie

Einer der wichtigsten Wirtschaftszweige für den Mittelstand ist die Automobilbranche. Seit Ende der 1990er Jahre werden in Deutschland jährlich über fünf Millionen Pkw produziert. Laut Angaben des Verbands der Automobilindustrie lag die Exportquote in 2003 bei etwa 70 Prozent. Dies trug mit einem Anteil von 60 Prozent zum Warenaußenhandelsüberschuss der deutschen Volkswirtschaft bei. Der Exportwert bezifferte sich auf 136 Milliarden Euro.

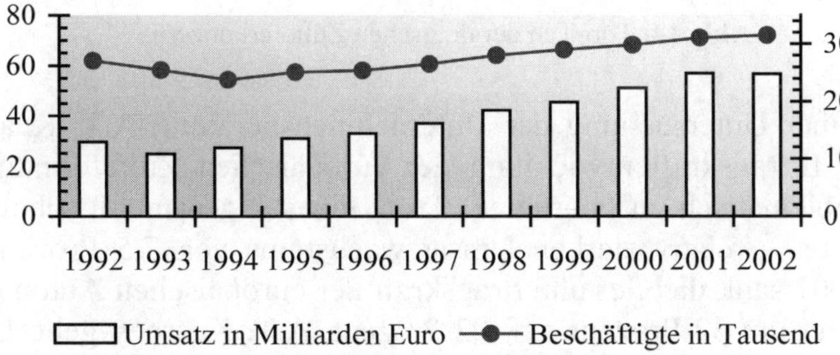

Abb. 13. Entwicklung der Automobilzulieferindustrie[14]

[14] Vgl. Verband der Automobilindustrie (2003), S. 58.

Von den insgesamt 764.000 in der Automobilbranche Beschäftigten arbeiten mehr als 40 Prozent in der Zulieferindustrie. Im Jahr 2002 verzeichnete diese einen leichten Umsatzrückgang, während sie noch im Vorjahr ein Wachstum von 11,5 Prozent erzielte. Das Gesamtumsatzvolumen der deutschen Automobilzulieferindustrie betrug 2002 56,6 Milliarden Euro nach 57 Milliarden Euro im Vorjahr.

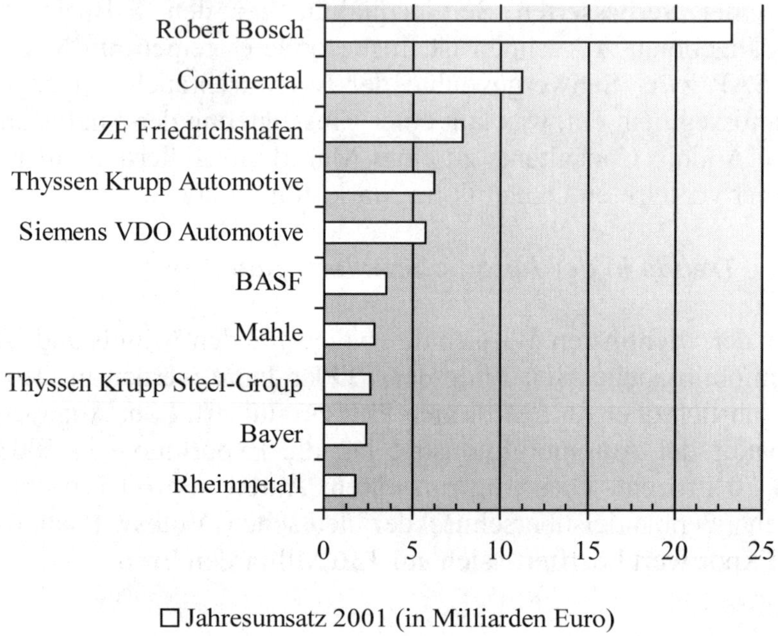

Abb. 14. Top-Ten der deutschen Zulieferkonzerne[15]

Laut einer Untersuchung der Unternehmensberatung A.T. Kearney ist die Ertragskraftentwicklung der europäischen Zulieferindustrie als problematisch zu beurteilen. Trotz eines – gesamtwirtschaftlich betrachtet – relativ starken Umsatzwachstums von 7,5 Prozent im Jahr 2001 sank die Gesamtertragskraft der europäischen Automobilzulieferer um 32 Prozent auf 8,2 Prozent. A.T. Kearney geht davon aus, dass 36 Prozent der Zulieferer wegen hoher Verschuldung und schlechter Eigenkapitalausstattung als existenziell bedroht gelten.

[15] Vgl. Automobil-Produktion (2003b).

Als Hauptursache für die sinkende Ertragskraft der Zulieferindustrie ist der von den Automobilherstellern ausgeübte Preisdruck zu nennen. Trotz sinkender Preise verlangen die Hersteller von den Zulieferern die Übernahme zusätzlicher Leistungen in den Bereichen Entwicklung und Fertigung, für die kapitalintensive Investitionen notwendig sind.

In absehbarer Zeit ist in Europa außerdem mit einer Abwälzung von Gewährleistungskosten durch die Hersteller auf die Zulieferer zu rechnen. Als Beispiel sei hier Nordamerika genannt, wo derzeit für die Firmen Daimler-Chrysler, Ford, General Motors, Honda, Nissan und Toyota jährlich Gewährleistungskosten in Höhe von zehn Milliarden US-Dollar entstehen. Mit stark steigender Tendenz werden bereits fünf Prozent dieser Gewährleistungskosten auf die Zulieferer abgewälzt.

Infolge der dieser Entwicklungen haben die Unternehmen der europäischen Zulieferindustrie an Wert verloren, während der Unternehmenswert der Automobilhersteller tendenziell gestiegen ist (s. Abb. 15).

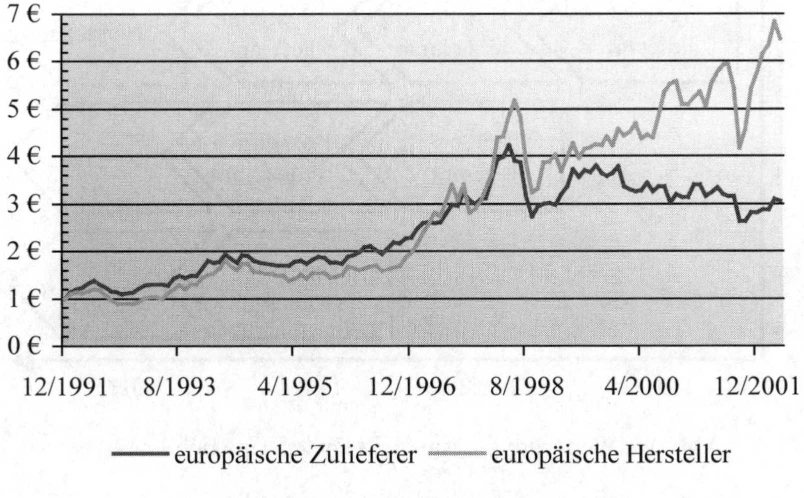

Abb. 15. Wertentwicklung der Automobilindustrie[16]

[16] Vgl. A.T. Kearney (2002), S. 10.

Um der sinkenden Ertragskraft und der schwachen Unternehmenswertentwicklung entgegenzuwirken, müssen die Unternehmen der Automobilzulieferindustrie den Kapitaleinsatz durch die Konzentration auf ihre Kernkompetenzen verbessern, die Gewinnmargen durch die Senkung der Beschaffungskosten steigern und neue Wachstumsmöglichkeiten schaffen.

Unabhängig von der schwachen Ertragskraftentwicklung geht mit der Verlagerung von Entwicklungs- und Produktionsleistungen von den Herstellern auf die Zulieferer die zunehmende Bedeutung der Automobilzulieferer im Wertschöpfungsprozess einher. Während die Fertigungstiefe bei den Automobilherstellern tendenziell sinkt, übernimmt die Zuliefererindustrie – wie bereits erwähnt – zusätzliche Leistungen. Der Anteil der Hersteller an der Bruttowertschöpfung ist in Deutschland bereits auf etwa 25 Prozent gesunken; der Anteil der fremdbezogenen Wertschöpfung beträgt dagegen rund 75 Prozent.[17] Vergleichbar hoch ist die Integration der Zulieferer untereinander. Auch hier liegt der Fremdbezugsanteil zwischen 60 und 70 Prozent.[18]

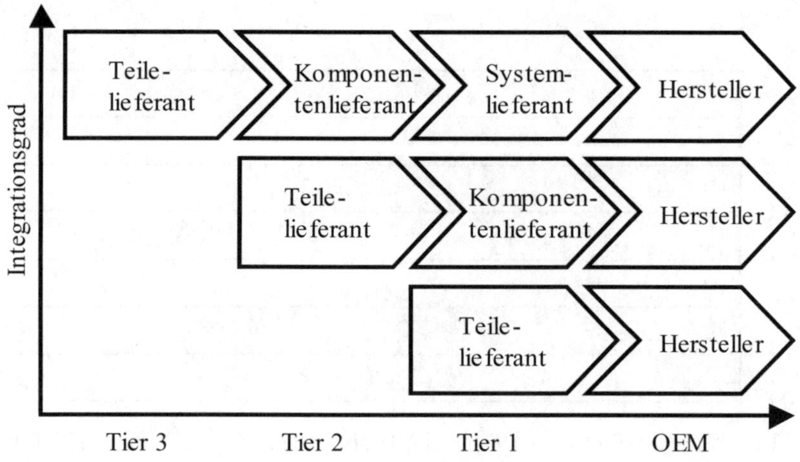

Abb. 16. Wertschöpfungsmodelle in der Automobilindustrie

[17] Vgl. Verband der Automobilindustrie (2002), S. 58.
[18] Vgl. Pfitzer/Rüdinger (2002).

Der steigende Fremdbezugsanteil setzt eine wachsende Systemlösungskompetenz bei den Automobilzulieferern voraus. Vielmehr noch wird die Systemlösungskompetenz das bedeutendste Differenzierungsmerkmal der Zulieferer gegenüber ihrem Wettbewerb. Während das Angebot von Teile- und Komponentenlieferanten nahezu beliebig ersetzbar ist, können sich Systemlieferanten gegenüber den Automobilherstellern als strategische Partner positionieren. Teile- und Komponentenlieferanten stehen vor der Herausforderung, sich zu Systemlieferanten zu wandeln, um dadurch eine tiefe Integration in den Wertschöpfungsprozess sicher zu stellen.[19]

Im E-Business-Kontext nimmt die deutsche Automobilzulieferindustrie eine Vorreiterrolle innerhalb der mittelständischen Wirtschaft ein. Laut einer Untersuchung von Bearing Point (früher KPMG Consulting) aus dem Jahr 2002 hat für 48 Prozent der deutschen Automobilzulieferer E-Business eine hohe, für 13 Prozent sogar eine sehr hohe Bedeutung. Der hohe Stellenwert des E-Business in diesem Segment wird auch dadurch deutlich, dass in 55 Prozent der Unternehmen der Automobilzulieferindustrie die E-Business-Verantwortung und -Entscheidungskompetenz auf der obersten Managementebene angesiedelt sind.

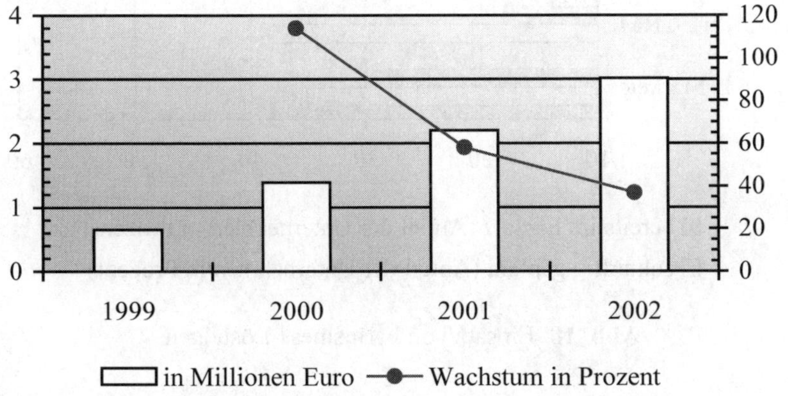

Abb. 17. Entwicklung der E-Business-Budgets[20]

---

[19] Vgl. PricewaterhouseCoopers (2002), S. 8 ff.

[20] Vgl. KPMG Consulting (2002), S. 10.

Während 2001 das E-Business-Budget eines deutschen Automobilzulieferers im Durchschnitt 2,2 Millionen Euro betrug, liegen die durchschnittlichen Ausgaben 2002 bei drei Millionen Euro. Dies entspricht einem Wachstum von 37 Prozent. Für die Jahre 2003 und 2004 planen noch mehr als die Hälfte der Zulieferer Budgeterhöhungen im E-Business-Bereich. Die übrigen Unternehmen werden ihre Budgets auf dem Niveau des Jahres 2002 halten; Investitionskürzungen sind nicht festzustellen.

Bereits 47 Prozent der deutschen Automobilzulieferer setzen E-Procurement-Anwendungen für die elektronisch unterstützte Beschaffung von Gütern und Dienstleistungen ein. Der Grund für die weite Verbreitung dieser E-Business-Anwendungen dürfte in den relativ deutlich sichtbaren Kosteneinsparungspotenzialen durch Nachfragebündelung und Prozessoptimierung liegen, auch wenn diese Potenziale bislang nur teilweise realisiert worden sind.

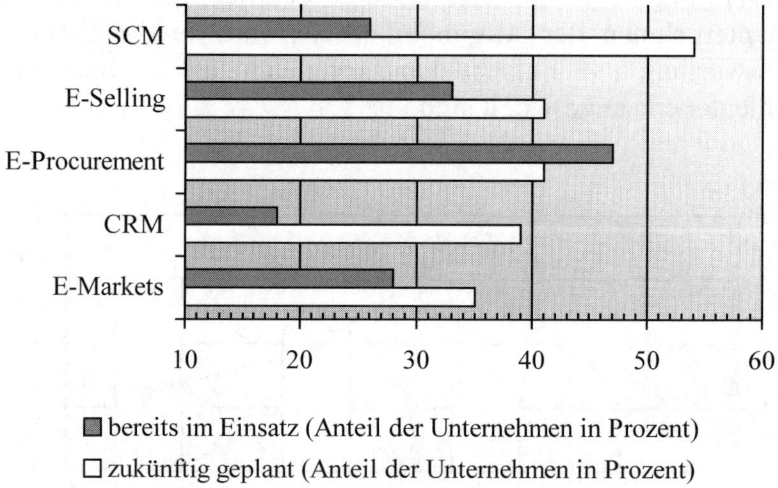

Abb. 18. Einsatz von E-Business-Lösungen[21]

Zukünftig wird sich der Investitionsschwerpunkt zugunsten von E-Business-Applikationen für die Optimierung wertschöpfungskettenübergreifender Geschäftsprozesse verlagern. Mehr als die Hälfte (54

[21] Vgl. KPMG Consulting (2002), S. 11.

Prozent) der befragten Automobilzulieferer beabsichtigt die Einführung von Anwendungen für das Supply Chain Management (SCM), was sich auf die erwähnten strukturellen Veränderungen innerhalb der Wertschöpfungskette der Automobilindustrie zurückführen lässt. Mithilfe von SCM-Anwendungen versprechen sich die Zulieferer, bei einer höheren Informationstransparenz entlang der Supply Chain flexibler auf diese Veränderungen reagieren zu können.

1.2.5 Trends im Handel

Der deutsche Einzelhandel leidet seit Beginn der 1990er Jahre unter einer anhaltenden Wachstumsschwäche. Laut Angaben des Hauptverbandes des Deutschen Einzelhandels (HDE) bewegte sich zwischen 1992 und 2002 der jährliche Gesamtumsatz zwischen 360 und 380 Milliarden Euro. Ein Trend, der auch nur eine leichte Wachstumstendenz signalisierte, ist bis dato nicht erkennbar. Insofern ist davon auszugehen, dass die chronische Wachstumsschwäche strukturell bedingt ist.

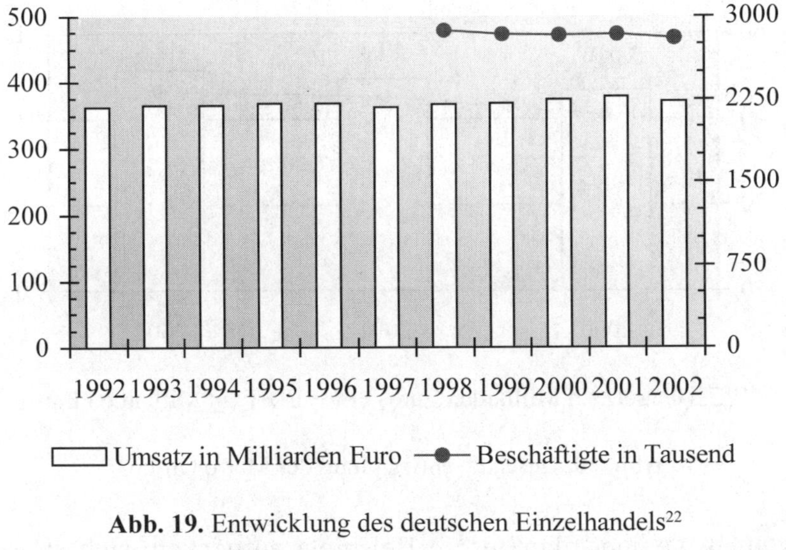

Abb. 19. Entwicklung des deutschen Einzelhandels[22]

[22] Vgl. Hauptverband des Deutschen Einzelhandels (2003).

Eine der Hauptursachen liegt im veränderten Konsumverhalten der Bevölkerung. Über einige Jahrzehnte hinweg war die Entwicklung der Einzelhandelsumsätze an die des verfügbaren Einkommens gekoppelt. Der Hauptverband des Deutschen Einzelhandels bestätigt, dass noch vor 20 Jahren etwa die Hälfte jeder zusätzlich verdienten Geldeinheit in den Einzelhandel floss; im Jahr 2003 lag dieser Anteil unter zehn Prozent. Heute entfällt ein Großteil des privaten Konsums zuungunsten des Einzelhandels und der Konsumgüterindustrie auf den Dienstleistungsbereich. So hat sich im Zeitverlauf die Ertragslage des Einzelhandels drastisch verschlechtert, die Umsätze stagnieren und das Arbeitsvolumen nimmt kontinuierlich ab.

Dennoch gibt es Ausnahmen. Die Geschäftsentwicklung internationaler Konzerne wie Wal-Mart, Metro, Ikea oder Hennes & Mauritz im deutschen Markt zeigt, dass trotz der strukturell bedingten Wachstumsschwäche nach wie vor Möglichkeiten zur Expansion bestehen. Zweifelsohne ist der Erfolg dieser Unternehmen zu einem nicht unerheblichen Anteil auf deren internationale Marktführerschaft und der daraus resultierenden Marktmacht zurückzuführen.

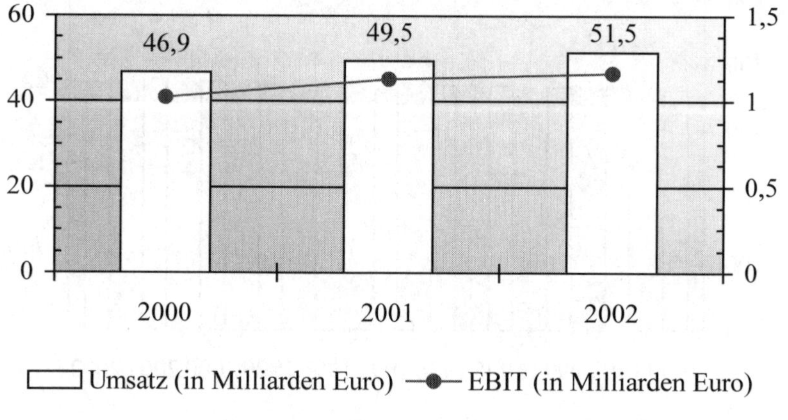

Abb. 20. Geschäftsentwicklung der Metro Group

Aber auch weniger glamouröse Beispiele entwickeln sich entgegen dem allgemeinen Trend positiv, darunter zahlreiche Discounter wie Aldi, Kaufland, Lidl oder Norma. Diese Unternehmen haben erkannt, dass schon heute und vermehrt in Zukunft ein nicht unerheblicher Teil der Wertschöpfung durch eine Optimierung logistischer Geschäftsprozesse und eine verbesserte Zusammenarbeit mit den Herstellern erzielt werden kann. Dadurch erschließen sich dem Handel und der Konsumgüterindustrie Potenziale zur Umsatzsteigerung einerseits und zur Kostensenkung andererseits. Selbst bei einem niedrigen Preisniveau, das insbesondere im Discounter-Segment angestrebt wird, kann auf diese Weise eine nachhaltig positive Entwicklung der Ertragslage erreicht werden.

Bereits zu Beginn der 1980er Jahre wurde das Thema der vertikalen Kooperation zwischen Handel und Industrie in der betriebwirtschaftlichen Theorie aufgegriffen. In der Praxis dagegen finden umfangreiche prozessorientierte Kooperationsstrategien wie Efficient Consumer Response (ECR) oder Continuous Planning Forecasting & Replenishment (CPFR) in ihrer Idealform bis heute selten Anwendung. Lediglich Konzepte, die Teilbereiche der Wertschöpfungskette betreffen – genannt seien hier Efficient Replenishment (ER) oder Vendor Managed Inventory (VMI) – halten nach und nach Einzug in die Praxis (mehr dazu in Kapitel 3).

Zurückzuführen ist dies auf die mangelnde Bereitschaft der Unternehmen zu einer wertschöpfungskettenübergreifenden Zusammenarbeit. Gleichzeitig bildet diese Bereitschaft die Basis für eine erfolgreiche Anwendung vertikaler Kooperationsstrategien; denn *Kooperationen zwischen Geschäftspartnern implizieren Vertrauen und die Bereitschaft, gemeinsame Entscheidungen zu treffen und zu befolgen. Hierzu gehört auch der offene Umgang mit den prozessrelevanten Daten. Die gegenseitige Kosten- und Leistungstransparenz in den Prozessen ist erforderlich, um auch eine beiderseitige Aufteilung des Nutzens vornehmen zu können.*[23]

Mit der vertikalen Kooperation verfolgen der Handel und die Konsumgüterhersteller das Ziel, im Rahmen von Wertschöpfungspartnerschaften ihr Angebot durch eine hohe Prognosegenauigkeit zeitnah auf die tatsächliche Konsumentennachfrage abzustimmen. So können die Warenbestände entlang der gesamten Wertschöpfungskette und damit die Kapitalbindungskosten reduziert werden. Gleichzeitig wird die Verfügbarkeit der *richtigen* Produkte in der

[23] Treeck (2002).

richtigen Menge am *richtigen* Ort zur *richtigen* Zeit erhöht, wodurch die Opportunitätskosten in Form entgangener Umsätze auf ein Minimum reduziert werden.

Um die Effizienz der Wertschöpfungskette zu erhöhen, benötigt der Handel die Unterstützung der Konsumgüterindustrie – und umgekehrt. Nur so können Bestände abgebaut und Fehlbestände vermieden werden. Hier sei darauf verwiesen, dass die bereits erwähnten Kooperationsstrategien wie ECR und CPFR nicht den Abbau von Zwischenstufen in der Wertschöpfungskette – im E-Business-Kontext wird dies im Allgemeinen als Disintermediation bezeichnet – zum Ziel haben. Vielmehr soll über diese Ansätze die Integration aller Wertschöpfungspartner erreicht werden, so dass letztlich ein Mehrwert für alle Beteiligten entsteht.

Neben der Bereitschaft zur wertschöpfungskettenübergreifenden Zusammenarbeit setzen vertikale Kooperationsstrategien wie ECR und CPFR die Nutzung gemeinsam vereinbarter Geschäftsprozesse, die auf Basis moderner Informations- und Kommunikationstechnologie ausgeführt werden, voraus. Besondere Beachtung in der Wirtschafts- und Fachpresse findet seit geraumer Zeit die mögliche Ablösung der Barcode-Technologie durch Radio Frequency Identification (RFID), nicht zuletzt hervorgerufen durch Wal-Marts Ankündigung vom 10. Juni 2003, in der der weltgrößte Einzelhändler bekannt gab, dass seine Top-100-Lieferanten bis 2005 RFID-Informationsspeicher an Behältern und Paletten anbringen müssen.[24]

Ähnlich wie bei der Barcode-Technik werden auch bei RFID Datenträger gelesen. Allerdings kommen dazu nicht optische Wellen wie Infrarot, sondern Radiofrequenzwellen zum Einsatz. Bei RFID werden elektromagnetische Wechselfelder als Übertragungsmedium genutzt. Dabei ist die Identifikation von Waren, Behältern oder Paletten mittels RFID von deren Richtung und Lage unabhängig. Auch ist kein Sichtkontakt zwischen dem Informationsspeicher, einem Mikrochip mit Antenne, und dem Lesegerät, das gleichzeitig die Stromversorgung für den Informationsspeicher liefert, notwendig. Durch die Pulkerfassung kann zudem eine Vielzahl von Objekten in einem einzigen Lesevorgang erfasst werden.

---

[24] Vgl. A.T. Kearney (2003), S. 1.

RFID kann als eine so genannte Enabler-Technologie betrachtet werden, durch deren Einsatz Effizienzsteigerungen innerhalb der Wertschöpfungskette realisiert werden können. Die Unternehmensberatung A.T. Kearney geht davon, dass die durch RFID erreichte höhere Transparenz die Genauigkeit von Bedarfsprognosen erhöht, was letztlich zu niedrigeren Sicherheitsbeständen und kürzeren Bestellzyklen führt. In einer konservativen Schätzung geht A.T. Kearney von Bestandsreduzierungen von fünf Prozent, gemessen am Gesamtbestand, aus. Weitere Einsparpotenziale liegen im Bereich der Lager- und Personalkosten; hier sieht A.T. Kearney Einsparpotenziale von 7,5 Prozent. Auch können Fehlbestände durch eine verbesserte Bestandsverfolgung vermieden werden.

Es sei darauf hingewiesen, dass die prognostizierten Optimierungspotenziale durch RFID nur dann vollständig ausgeschöpft werden können, wenn mit dem Einsatz der Technologie eine Anpassung der Geschäftsprozesse im Sinne eines Business Process Reengineering einhergeht. Die veränderten Abläufe müssen in Anwendungssystemen wie ERP- oder SCM-Systemen entsprechend abgebildet werden. Die Optimierungspotenziale liegen nicht in der Technologie per se, sondern in einer Verbesserung der betrieblichen Abläufe, die erst durch den Einsatz der Technologie ermöglicht wird.

Beispielhaft für den effizienten Einsatz der RFID-Technologie ist die „Future Store Initiative“ der Metro Group, die von IBM, Intel und SAP unterstützt wird. Die Initiative versteht sich als Pilotprojekt für die gesamte Handelsbranche, bei dem unter realen Bedingungen der Einsatz und das Zusammenspiel neuer Technologien erprobt wird. Insbesondere sollen technische Anwendungen, die bislang lediglich in Einzelanwendungen realisiert wurden, miteinander verknüpft werden. Integriert werden dabei sowohl der Handel als auch die Konsumgüterindustrie und die Konsumenten.

Die „Future Store Initiative“ geht davon aus, dass bei der Entwicklung tragfähiger technischer Zukunftslösungen für den Handel der RFID-Technologie eine besondere Bedeutung zukommt; *sie ist das markanteste Element der neuen Technologien und die Basis effizienter Steuerung in der Logistikkette*. Neben RFID kommen im Rahmen der Initiative mobile Selbst-Scanning-Systeme und Selbstbedienungskassen, die Wartezeiten verkürzen sollen, zum Einsatz.[25]

Abb. 21. Selbstbedienungskasse der „Future Store Initiative"

Abschließend bleibt festzustellen, dass vertikale Kooperationsstrategien wie ECR oder CPFR, die durch RFID mit einem technischen Werkzeug untermauert werden, in der Praxis nur beim Erreichen einer kritischen Masse langfristig erfolgreich angewendet werden können.

Die Centrale für Coorganisation, deren Aufgabe unter anderem die Einführung, Pflege und Weiterentwicklung der EAN-Nummernsysteme ist, geht davon aus, dass für die Konsumgüterindustrie die kritische Masse erreicht ist, wenn fünf bis sechs große Handelsunternehmen die ECR- beziehungsweise CPFR-Techniken und -Methoden umsetzen. Der Handel hingegen erreicht eine kritische Masse erst dann, wenn etwa 30 Prozent der Industriepartner diese Techniken und Methoden umsetzen. Für das Erreichen dieser kritischen Masse ist die Umsetzung bei kleinen und mittelständischen Unternehmen zwingend erforderlich.

[25] Vgl. Future Store Initiative (2003).

2 Einsatzbereiche des E-Business

Die digitale Abbildung unternehmensinterner und -externer Geschäftsprozesse wird in der betrieblichen Praxis durch eine Vielzahl von E-Business-Anwendungen unterstützt. Die potenziellen Einsatzbereiche erstrecken sich dabei über die gesamte Wertschöpfungskette. Sie reichen von der Anbindung von Lieferanten und deren Lieferanten über das eigene Unternehmen bis hin zur Integration von Kunden und deren Kunden.

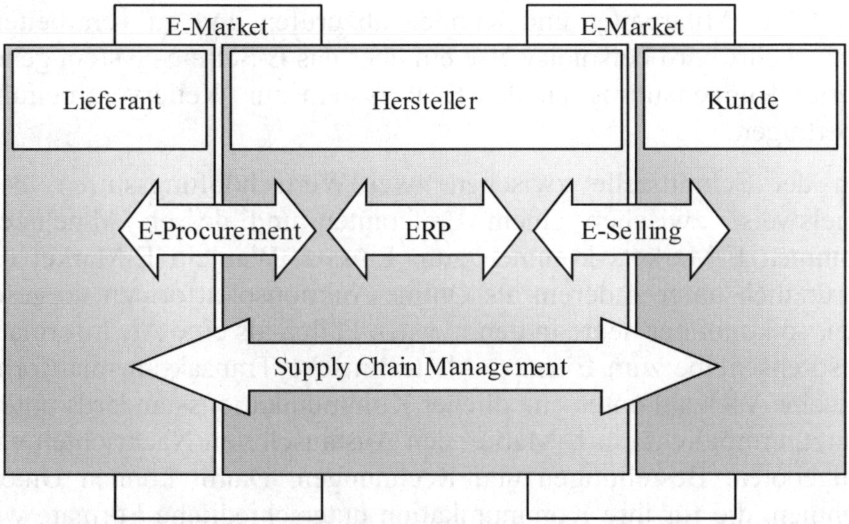

Abb. 1. E-Business-Einsatzbereiche entlang der Wertschöpfungskette

Die Basis für die digitale Abbildung von Geschäftsprozessen bilden Anwendungen für das Enterprise Resource Planning (ERP). Mithilfe eines ERP-Systems werden im Idealfall alle internen betrieblichen Abläufe – beispielsweise in den Bereichen Finanzen, Personal, Einkauf und Vertrieb – integriert, zeitnah und auf einer gemeinsamen Datenbasis ausgeführt. Ein ERP-System arbeitet dabei transaktionsorientiert. Die internen Geschäftsprozesse eines Unternehmens werden sukzessiv unter Einbeziehung unternehmenskritischer Informationen über Produkte, Mitarbeiter und Kunden ausgeführt. Diese

Informationen können wiederum über Schnittstellen an andere E-Business-Anwendungen zur Weiterverwertung übertragen werden.

Mithilfe von ERP-Systemen optimieren Unternehmen bereits seit Beginn der 1980er Jahre ihre internen Abläufe. Für die digitale Abbildung unternehmensübergreifender Geschäftsprozesse ist die Funktionalität klassischer ERP-Systeme allerdings nicht ausreichend. Zu den Anwendungsgebieten, die über den ERP-Einsatzbereich hinausgehen, gehört auf der Beschaffungsseite der elektronisch basierte operative Einkauf, der als E-Procurement bezeichnet. Das Pendant auf der Absatzseite, der elektronisch basierte Verkauf, wird unter dem Begriff E-Selling subsumiert. Typischerweise greifen diese Anwendungen auf ein ERP-System zu, um Informationen über Produkte, Mitarbeiter und Kunden abzurufen und zu verarbeiten. Umgekehrt wird beispielsweise ein über das E-Selling-System generierter Kundenauftrag an das ERP-System zur Weiterverarbeitung übertragen.

An der Schnittstelle zwischen zwei Wertschöpfungsstufen, beispielsweise zwischen einem Lieferanten und dessen Abnehmer, kommen E-Markets kommen zum Einsatz. War ein E-Market ursprünglich unter anderem als Online-Auktionsplattformen vorgesehen, so kommt er heute in den meisten Fällen als eine Art Informationsdrehscheibe zum Einsatz. Als technische Transaktionsplattform, die eine Vielzahl unterschiedlicher Kommunikationsstandards unterstützt, ermöglicht ein E-Market den Austausch von Nachrichten wie Angeboten, Bestellungen und Rechnungen. Damit können Unternehmen, die für ihre Kommunikation unterschiedliche Formate wie Fax, E-Mail oder EDI (Electronic Data Change) einsetzen, miteinander kommunizieren. Das Ziel des Einsatzes von E-Markets ist, eine integrierte Wertschöpfungskette zu realisieren, in der die Anzahl der Medienbrüche auf ein Minimum reduziert ist.

Schließlich werden mit Supply-Chain-Management (SCM)-Anwendungen Material- und Informationsflüsse unternehmensübergreifend koordiniert. Dabei soll der gesamten Wertschöpfungsprozess von der Rohstoffgewinnung über die einzelnen Veredelungsstufen bis hin zum Endkunden sowohl zeit- als auch kostenoptimal gestaltet werden. Im Idealfall profitieren davon alle an der Wertschöpfungskette beteiligten Unternehmen.

2.1 Enterprise Resource Planning

Softwaresystemen für das Enterprise Resource Planning (ERP) bilden die Basis für sämtliche E-Business-Aktivitäten. Oft werden ERP-Systeme auch als *das Herz eines jeden Unternehmens*[1] bezeichnet, weil sie alle für den Unternehmensbetrieb erforderlichen Informationen enthalten und verarbeiten. Mit ERP-Systemen lassen sich unternehmensweite Geschäftsprozesse auf einer einheitlichen Datenbasis zeitnah und integriert abbilden.[2]

Den ERP-Begriff prägten die Analysten von Gartner im Jahr 1990, wobei das Attribut Planung allein das Wesen solcher Systeme nicht ausreichend beschreibt. Vielmehr zeichnen sich moderne ERP-Systeme dadurch aus, dass sie neben der Planungsfunktionalität über ergänzende Funktionen zur Steuerung und Kontrolle verfügen. Damit bilden ERP-Systeme den einfachen Management-Regelkreis, der sich aus den Dimensionen Planung, Steuerung und Kontrolle zusammensetzt, ab. Insofern ist gelegentlich auch von Enterprise Resource Management (ERM) die Rede.

Wesentlich länger als der ERP-Begriff in der betriebswirtschaftlichen Theorie existieren solche Systeme in der unternehmerischen Praxis. Beispielsweise hatte SAP, der heutige ERP-Weltmarktführer, bereits 1979 mit der Entwicklung der Standardsoftware R/2 begonnen. Mithilfe von R/2 konnten Unternehmen ihre betrieblichen Abläufe in den Bereichen Personal- und Rechnungswesen sowie in der Logistik abteilungsübergreifend und zeitnah auf Basis eines integrierten Systems abbilden. Als Nachfolger etablierte sich schließlich R/3, das heute als das weltweit marktführende ERP-System gilt. Neben funktionalen Erweiterungen lag der wesentliche Unterschied von R/3 im Vergleich zum Großrechnersystem R/2 in der dezentralen Client-Server-Architektur.

Seit Ende der 1990er Jahre bietet SAP – wie auch die meisten anderen ERP-Softwarehersteller – Softwareprodukte auf Basis einer offenen webbasierten Architektur an. So können beispielsweise Mitarbeiter oder Lieferanten per Internet-Browser oder über webbasierte

---

[1] Heinrich (2003).

[2] Vgl. Montanus (2001).

Unternehmensportale auf die für sie relevanten Anwendungen und Informationen zugreifen.

Weiter zurück als die Entwicklung der ersten ERP-Systeme für die integrierte und zeitnahe Abbildung unternehmensweiter Geschäftsprozesse liegen die ersten Anätze, abteilungsweite Abläufe auf Basis eines integrierten Softwaresystems abzubilden. Als Beispiel seien hier die Systeme für die Produktionsplanung und -steuerung, kurz PPS, angeführt. Bereits Mitte der 1960er Jahre versuchte das produzierende Gewerbe durch den Einsatz von PPS-Systemen im Fertigungsbereich Durchlaufzeiten zu verkürzen, Bestände zu reduzieren, die Kapazitätsauslastung zu optimieren und die Termintreue zu erhöhen. *PPS bezeichnet den Einsatz rechnerunterstützter Systeme zur organisatorischen Planung, Steuerung und Überwachung der Produktionsabläufe von der Angebotsbearbeitung bis zum Versand unter Mengen, Termin- und Kapazitätsaspekten. Die PPS-Hauptfunktionen sind: Produktionsprogrammplanung, Mengenplanung, Termin- und Kapazitätsplanung, Auftragsveranlassung und Auftragsüberwachung.*[3] Auch diese Systeme setzen auf die integrierte und zeitnahe Abbildung betrieblicher Abläufe. Der Wirkungsbereich beschränkt sich allerdings auf eine einzige Abteilung.

Eine abteilungsübergreifende und unternehmensweite Integration findet erst seit dem Ende der 1980er Jahre statt, als Systeme wie SAP R/2 und später R/3 Marktreife erlangten. Den daraus resultierenden Nutzen bemisst das Marktforschungsunternehmen Gartner aus einer strategischen und einer finanziellen Perspektive. Aus strategischer Sicht können ERP-Systeme die Wettbewerbsfähigkeit eines Unternehmens langfristig stärken. Dieser These liegt die Annahme zugrunde, dass Geschäftsprozesse von der übergeordneten Unternehmensstrategie abgeleitet werden. Mit dem Ausführen von Geschäftsprozessen wird demnach die Strategie umgesetzt. Da sich mithilfe eines ERP-Systems betriebliche Abläufe optimal ausführen lassen, trägt letztlich ein ERP-System zur erfolgreichen Umsetzung der Unternehmensstrategie bei.

Aus finanzieller Sicht trägt ein ERP-System beispielsweise zur Reduzierung von Bestandskosten bei, weil eine höhere Transparenz in

---

[3] Ausschuss für wirtschaftliche Fertigung (1985).

den logistischen Abläufen langfristig zu sinkenden Lagerbeständen führt.[4] Dem Nutzen stehen die Aufwendungen für die Einführung und den Betrieb eines ERP-Systems gegenüber. Immer wieder klagen Anwender über den hohen Anteil der Aufwendungen für Implementierungsdienstleistungen. Nicht selten betragen die Kosten für die Einführung und Anwenderschulung ein Vielfaches der eigentlichen Softwarekosten. Gemäß einer Untersuchung der Meta Group zum deutschen ERP-Markt setzen sich die Kosten eines typischen ERP-Projekts anteilig folgendermaßen zusammensetzen:

- Hardware: 20 Prozent,
- Softwarelizenzen: 30 Prozent,
- externe Implementierungsaufwendungen: 20 Prozent und
- interne Implementierungsleistungen: 30 Prozent.[5]

Eine differenzierte Betrachtung nach Unternehmensgrößenklassen zeigt, dass der Anteil der Aufwendungen für externe Implementierungsleistungen bei kleineren Unternehmen steigt. Diese Unternehmen ziehen wegen ihrer beschränkten internen Ressourcen für die Umsetzung eines ERP-Projekts eher externe Dienstleister hinzu.

Laut Meta Group bilden nachträgliche Konfigurationsleistungen inzwischen den prozentual größten Block der ERP-Projektkosten. Die Relation zwischen Lizenz- und Implementierungskosten und den sich anschließenden Ausgaben für Wartung und Betrieb verändere sich immer stärker in Richtung der letzteren. Unternehmen, die in ERP-Projekte einsteigen, sollten daher eine mittel- bis langfristige Prognose über die Kostenentwicklung durchführen.

2.1.1 ERP-Begriff und -Markt

Unter den Begriff Enterprise Resource Planning (ERP) werden Standardsoftwaresysteme subsumiert, die betriebliche Abläufe auf einer gemeinsamen Datenbasis abbilden. Mit dem Ziel eines hohen Standardisierungsgrades der unternehmensinternen Geschäftsprozesse integrieren ERP-Systeme den Belegfluss innerhalb eines Unter-

[4] Vgl. Gartner (2003a).
[5] Vgl. Meta Group (2003).

nehmens. Auf diese Weise sollen sie als integrierte Transaktionssysteme den innerbetrieblichen Informationsfluss durch die Abbildung sämtlicher belegorientierter Geschäftsprozesse verbessern.[6]

In der Regel beinhalten ERP-Systeme eine Reihe vorkonfigurierter standardisierter Geschäftsprozesse, die sich für eine Vielzahl von Anwendungsszenarien unverändert einsetzen lassen. Oft aber können die unternehmensspezifischen Anforderungen auf Basis dieser vorkonfigurierten Geschäftsprozesse nicht vollständig abgebildet werden, so dass Systemanpassungen notwendig sind. Diese unternehmensspezifischen Anpassungen, die auch als Customizing bezeichnet werden, erfolgen durch eine Parametrisierung der in der Standardsoftware abgebildeten Geschäftsprozesse.[7] Der Quellcode der Software wird dabei jedoch nicht verändert.

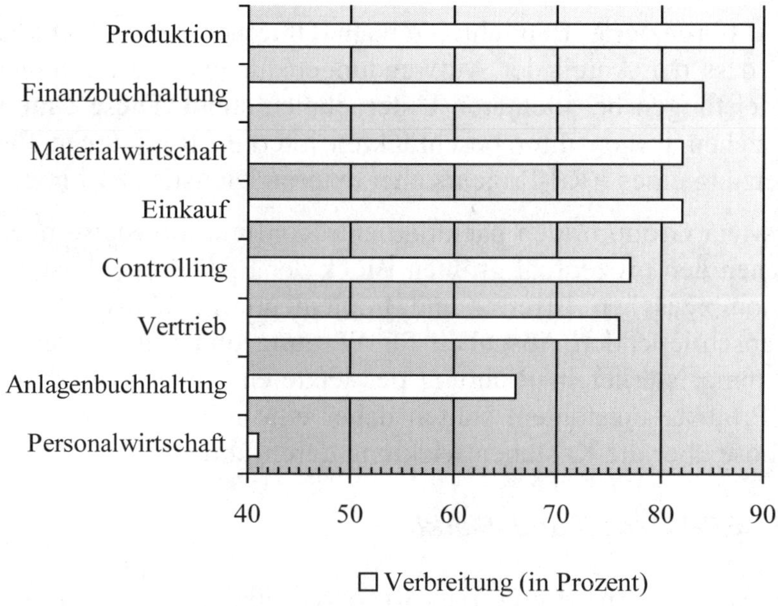

Abb. 2. ERP-Unterstützung betrieblicher Funktionen[8]

---

[6] Vgl. Gerber (2002).
[7] Vgl. Zwißler (2002), S. 176.
[8] Vgl. Cap Gemini Ernst & Young (2002a), S. 12.

In Abgrenzung zu Warenwirtschaftssystemen, die insbesondere dispositive und logistische Geschäftsprozesse unterstützen, bieten ERP-Systeme umfassendere Funktionen. Insofern sind sie nicht als Synonym für Warenwirtschaftssysteme zu verwenden; vielmehr sind Warenwirtschaftssysteme als Bestandteil von ERP-Systemen zu betrachten.[9] Typische Anwendungsfelder sind die Unternehmensbereiche Finanzwesen und Controlling, Produktionsplanung und -steuerung, Einkauf und Logistik, Vertrieb sowie Personal.

In den meisten mittelständischen Unternehmen, die ein ERP-System einsetzen, werden mit diesem die wesentlichen betriebswirtschaftlichen Funktionen unterstützt (s. Abb. 23). Laut einer Untersuchung der Unternehmensberatung Cap Gemini Ernst & Young aus dem Jahr 2002 zum ERP-Markt in Deutschland kommt in mehr als 80 Prozent der Unternehmen ein ERP-System in Finanzwesen, Materialwirtschaft und Einkauf zum Einsatz. In 89 Prozent der Unternehmen, die der Fertigungsindustrie zuzuordnen sind und ein ERP-System einsetzen, wird der Kerngeschäftsbereich Produktion durch dieses unterstützt.

Im Gegensatz zu Großunternehmen verfügen 70 Prozent der mittelständischen Unternehmen in Deutschland, die ERP-Systeme zur Unterstützung der unternehmensinternen Geschäftsprozesse einsetzen, über eine weitgehend homogene Systemlandschaft. Diese Unternehmen haben ein integriertes ERP-Hauptsystem im Einsatz, wodurch Datenredundanzen vermieden und die Schnittstellenproblematik minimiert werden.

Insgesamt ist aber davon auszugehen, dass nur etwa die Hälfte der kleinen und mittelständischen Unternehmen über ein funktionierendes ERP-System verfügt. Als Hauptgrund für diese im Vergleich zum Segment der Großunternehmen geringe Verbreitung sind die Befürchtungen der Unternehmen zu nennen, über nicht ausreichende Ressourcen zu verfügen, um eine umfassende Integration und den reibungslosen Betrieb eines ERP-Systems im betrieblichen Alltag sicher zu stellen.[10]

---

[9] Vgl. Schütte/Vering/Wiese (2000), S. 24.
[10] Vgl. Gartner (2002b), S. 2.

Am weitesten verbreitet ist in deutschen mittelständischen Unternehmen die ERP-Software von SAP mit einem Marktanteil von 41 Prozent, gefolgt von Baan (5 Prozent), Brain (4 Prozent) und Navision (3 Prozent). Hier ist anzumerken, dass die Software Baan, die ursprünglich vom gleichnamigen niederländischen Unternehmen entwickelt wurde, im Juli 2003 vom US-amerikanischen Softwarehersteller SSA Global aufgekauft wurde;[11] die deutsche Brain AG wurde bereits im Dezember 2002 durch den ebenfalls US-amerikanischen Softwarehersteller Agilisys übernommen,[12] während der dänische ERP-Softwarehersteller Navision a/s im Juli 2002 von der US-amerikanischen Microsoft Corporation für etwa 1,45 Milliarden Euro akquiriert wurde.[13]

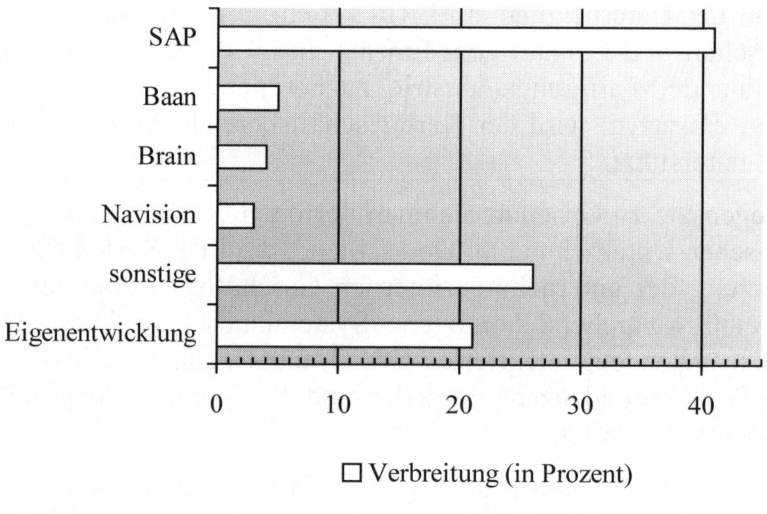

Abb. 3. Verbreitung von ERP-Software[14]

Tendenziell nimmt in kleineren Unternehmen die Verbreitung der ERP-Software von SAP zugunsten anderer Softwarehersteller ab. Beispielsweise beträgt der Marktanteil von SAP im Segment der Unternehmen mit einem Jahresumsatz von weniger als 100 Millionen

[11] Vgl. SSA Global (2003).
[12] Vgl. Agilisys (2003).
[13] Vgl. Microsoft (2002a).
[14] Vgl. Cap Gemini Ernst & Young (2002a), S. 10.

Euro nur noch 33 Prozent, während der Marktanteil der sonstigen Softwarehersteller bei 52 Prozent liegt. 15 Prozent der Unternehmen in diesem Segment setzen eigenentwickelte ERP-Systeme ein.

Langfristig ist davon auszugehen, dass sowohl Microsoft als auch SAP neue Anteile im mittelständischen ERP-Markt zuungunsten kleinerer, unter Umständen nur regional tätiger Anbieter gewinnen werden. Dafür sprechen insbesondere die Größe und Marktmacht der beiden Unternehmen. SAP wird mit seinen aktuellen Mittelstandslösungen „Business One“ und „All-in-One“ in erster Linie den konzerngebundenen Mittelstand adressieren, dessen größere Muttergesellschaften bereits SAP-Kunden sind. Hingegen dürfte Microsoft künftig mit neuen ERP-Produkten vor allem kleinere Unternehmen mit wenigen Mitarbeitern ansprechen, um in Kombination mit Office-Software und Server-Produkten Volumengeschäft zu generieren. Umfangreichere Projekte, bei denen zusätzlich zur Softwareinstallation Anpassungen betrieblicher Abläufe erforderlich sind, dürften für Microsoft weniger interessant sein.

Für die Produkte „Axapta“ und „Navision“, die Microsoft durch die Navision-Übernahme im Jahr 2002 eingekauft hatte, garantiert der weltgrößte Softwarehersteller Support-Leistungen bis zum Jahr 2012. Eine neue Softwarelösung auf .NET-Basis, die den Namen „Green“ tragen soll, wird laut Unternehmensangaben bereits entwickelt. Das Produkt soll bis zum Jahr 2006 Marktreife erlangen.

2.1.2 Grenzen von ERP-Systemen

Bei ERP-Systemen steht die Unterstützung unternehmensinterner Geschäftsprozesse im Vordergrund. Für die digitale Abbildung unternehmensübergreifender Geschäftsprozesse eignen sich ERP-Systeme weniger. Gegen Ende der 1990er Jahre, als der Internet-Hype mit neuen E-Business-Ansätzen für die Optimierung unternehmensübergreifender Geschäftsprozesse seinen Höhepunkt feierte, wurde das klassische ERP-Konzepte in den Hintergrund gedrängt und bisweilen sogar für *tot* erklärt. Im Jahr 2000 läuteten schließlich die Analysten von Gartner mit einer Ankündigung unter dem Titel „ERP ist tot – es lebe ERP II“ eine neue Ära im ERP-Markt ein.

Gartner ging davon aus, dass bis 2005 das Gros der Unternehmen kritische Informationen für Partner, Lieferanten und Kunden auch außerhalb der Unternehmensgrenzen zugänglich machen müsste. Viele Geschäftsprozesse würden dann beispielsweise kollaborativ zwischen Unternehmen einer Branche abgewickelt werden – das Schlagwort in diesem Zusammenhang hieß Collaborative Commerce. Die bis dato meist für vertikale Organisationsformen ausgelegten ERP-Systeme schienen für den Einsatz in unternehmensübergreifenden kollaborativen Prozessszenarien nicht geeignet.

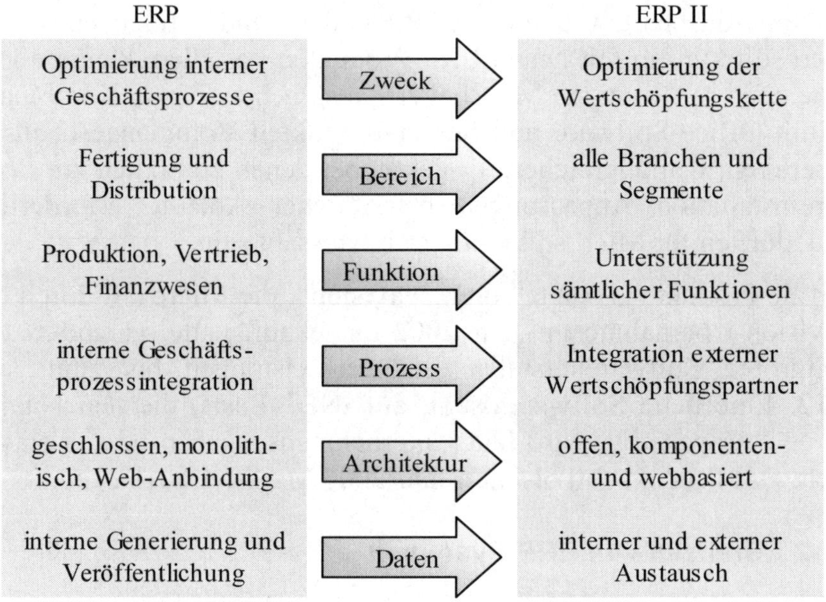

Abb. 4. Komponenten der ERP II-Applikationsstrategie[15]

In der heutigen betrieblichen Praxis zeigt sich die fehlende Eignung von ERP-Systemen für die Integration unternehmensübergreifender Geschäftsprozesse beispielsweise im Bereich der Produktionsplanung und -steuerung (PPS). Die überwiegende Mehrheit heutiger ERP-Systeme orientiert sich an einer sukzessiven Planungsphilosophie. Die Grundlage für diese Planungsphilosophie bilden die Vorgehensweise des Material Requirement Planning (MRP) oder bei

[15] Vgl. Gartner (2000), S. 2.

neueren Systemen das Konzept des Manufacturing Resource Planning (MRP II). Danach finden sämtliche Planungsvorgänge für den Einsatz der Ressourcen sequenziell statt; die einzelnen Planungsschritte werden nacheinander ausgeführt. Eine unternehmensübergreifende Geschäftsprozessoptimierung, die das Ziel hat, Angebot und Nachfrage weitgehend zu synchronisieren, setzt dagegen eine simultane Planungsphilosophie voraus.[16] Alle Planungsschritte werden im Idealfall gleichzeitig und damit echtzeitnah ausgeführt. So kommt das Planungsergebnis dem tatsächlichen Bedarf sehr nahe.

Für die Umsetzung einer simultanen Planungsvorgehensweise ist die Funktionalität von ERP-Systemen in der Regel nicht ausreichend. Hierfür bietet der Markt eine Reihe von Ergänzungswerkzeugen, die auch unter dem Begriff Advanced Planning and Scheduling (APS) zusammengefasst werden. APS-Werkzeuge zielen auf die simultane Abstimmung sämtlicher Parameter einer Wertschöpfungskette ab. In Simulationsvorgängen werden alle Aktivitäten, die zur Steigerung der Wertschöpfung beitragen könnten, miteinander synchronisiert. Schließlich wird diejenige Möglichkeit gewählt, die den potenziell größten Nutzen verspricht.[17] Diese Vorgehensweise wird auch als Supply Chain Management (SCM) bezeichnet. Dabei handelt es sich im weitesten Sinne um die Optimierung unternehmensübergreifender Geschäftsprozesse (mehr dazu in Kapitel 2.2).

2.1.3 ERP als E-Business-Basisapplikation

ERP-Systeme bilden die Grundlage für die Einführung von E-Business-Anwendungen, da sie alle unternehmenskritischen Informationen über Produkte, Mitarbeiter, Lieferanten oder Kunden verarbeiten. Im Kern sind sie jedoch – wie bereits erwähnt – nicht für unternehmensübergreifende Anwendungsszenarien konzipiert. Dagegen ist die Integration von E-Business-Applikationen in ein vorhandenes ERP-System die Voraussetzung für das Vermeiden von Redundanzen in der Datenhaltung und schließlich für reibungslose unternehmensübergreifende Geschäftsprozesse.[18]

---

[16] Vgl. Gerber (2002).

[17] Vgl. Werner (2002a).

[18] Vgl. Zwißler (2002), S. 288.

Um beim Beispiel der Produktionsplanung zu bleiben: Grundsätzlich ist ein funktionierendes ERP-System auch die unabdingbare Basis für den Einsatz eines SCM-Werkzeugs. Das ERP-System stellt die für alle Planungsvorgänge notwendigen Informationen, zum Beispiel über Kapazitäten, Termine und Auftragslage, zur Verfügung. Das SCM-Werkzeug greift über eine Schnittstelle auf diese Informationen zu und verarbeitet sie weiter. Beispielsweise führt das Werkzeug Simulationen durch und meldet die Ergebnisse dieser Simulationen an das ERP-System zur Weiterverarbeitung zurück.[19]

Auf Basis des Simulationsergebnisses kann schließlich im ERP-System eine Geschäftsprozesskette angestoßen werden. In der Praxis könnte dies mit dem Anlegen eines Produktionsauftrages oder einer Bestellung beginnen. Die im ERP-System hinterlegte Geschäftsprozesslogik leitet die weiteren Ablaufschritte nacheinander ein, bis der Auftrag als erfolgreich abgeschlossen gilt, bis also beispielsweise das benötigte Teil gefertigt beziehungsweise geliefert wurde.

Es bleibt festzuhalten, dass ERP-Systeme die effizienteste und effektivste Lösung darstellen, um unternehmensinterne Geschäftsprozesse zu planen, zu steuern und zu überwachen. Sie bilden das Rückgrat eines Unternehmens; *sie sind das unverzichtbare Back-End der Organisation.*[20] Davon, dass ERP-Systeme obsolet geworden oder *tot* sind, kann also keine Rede sein. Der Handlungsbedarf im Mittelstand, unternehmensweite Geschäftsprozesse auf Basis von ERP-Systemen integriert und zeitnah abzubilden, ist nach wie vor hoch.

---

[19] Vgl. Hellingrath/Hieber/Laakmann/Nayabi (2002).

[20] Röhricht/Schlögel (2001), S. 217 f.

2.2 Supply Chain Management

Unter den E-Business-Applikationen galt Supply Chain Management (SCM) lange Zeit als der Anwendungsbereich mit den größten Potenzialen zu Effizienzsteigerungen einerseits und Kosteneinsparungen andererseits. Niedrige Bestände und kurze Durchlaufzeiten bei hoher Kapazitätsauslastung sollten durch den Einsatz von SCM-Systemen in Unternehmen erzielt werden. Ernüchternd sind dagegen die Ergebnisse einer Studie der Unternehmensberatung Booz Allen Hamilton aus dem Jahr 2003. Danach ist jedes zweite Unternehmen, das ein SCM-Projekt realisiert hat, mit dem Ergebnis nicht zufrieden. Noch immer sind die Liefer-, Produktions-, und Distributionsprozesse zu kostenintensiv.

Den Grund dafür sieht Booz Allen Hamilton darin, dass die meisten Unternehmen SCM als Aufgabe der operativen Bereiche, nicht aber als Aufgabe der Führungsebenen einordnen. Beispielsweise engagieren sich nur 14 Prozent der deutschen Unternehmensführungen für die Optimierung der Wertschöpfungskette; im europäischen Ausland sind es immerhin 21 Prozent. So liegen enorme Potenziale brach: Würden sich Vorstände und Geschäftsführer verstärkt in SCM-Projekte einbringen, könnten sie jährlich sechs Prozent der Kosten in den relevanten Bereichen einsparen, so Booz Allen Hamilton.

Besonders tragisch ist die Bilanz im Segment der Großunternehmen, die in den vergangenen Jahren verstärkt in die Produkte von SCM-Softwareherstellern wie I2 Technologies oder Manugistics investiert haben. Dabei blieb in etwa jedem zweiten Fall der erhoffte Nutzen aus. 46 Prozent der von Booz Allen Hamilton befragten Unternehmen sind mit der Leistung der SCM-Systeme nicht zufrieden. Am konkreten Beispiel I2 Technologies wird das Versagen des SCM-Softwareherstellers noch deutlicher. Laut einer Umfrage des Marktforschungsunternehmens Nucleus Research in 2003 haben 55 Prozent der I2-Kunden auch nach über zwei Jahren keinen positiven Return-on-Investment (ROI) mit ihren Softwareinstallationen erwirtschaftet. Auf Dreijahressicht liegen die Betriebskosten für I2-Systeme im Durchschnitt bei sieben Millionen Dollar.

Besser fällt die Beurteilung von Manugistics in einer Anwenderbefragung aus, die ebenfalls Nucleus Research durchgeführt hat. Danach haben 80 Prozent der Kunden des SCM-Softwareherstellers einen positiven ROI erzielt, wobei die durchschnittliche Amortisationszeit 16 Monate beträgt. Ähnlich hoch wie bei I2 liegen aber auch die Betriebskosten für Manugistics-Systeme; knapp sieben Millionen Dollar haben die Unternehmen im Durchschnitt für ihre Installationen binnen drei Jahren ausgegeben.

Laut Nucleus Research haben viele Unternehmen die Aufwendungen für die Integration der SCM-Anwendung in die vorhandenen Systeme, etwa in ERP-Applikationen, unterschätzt. Diese Integration ist aber die Voraussetzung dafür, dass sich der erhoffte Nutzen einstellt, muss doch ein reibungsloser Datenaustausch zwischen dem ERP- und dem SCM-System stattfinden können.

	2002 (in Prozent)	2001 (in Prozent)
SAP	11,6	9,9
I2 Technologies	6,6	14,8
Oracle	6,5	6,2
Ariba	4,9	6,4
Manugistics	4,2	5,2
andere	66,2	57,5

Abb. 5. Marktanteile der größten SCM-Softwarehersteller[1]

Diese Menge an negativen Erfahrungen mit SCM-Projekten dürften mittelständische Unternehmen nicht gemacht haben. Die Kosten für die Einführung und den Betrieb so komplexer SCM-Systeme, wie sie I2 Technologies oder Manugistics anbieten, sind im Vergleich zu den zu erwartenden Einsparungen so hoch, dass ein Einsatz dieser Softwareprodukte im mittelständischen Marktsegment aus ökonomischer Sicht nicht zu vertreten ist.

Für den Mittelstand bietet der Markt mittlerweile eine Reihe von SCM-Werkzeugen an, die zwar über eine geringere Funktionalität als die so genannten Best-of-Breed-Produkte der Spezialanbieter verfügen; dafür sind diese Werkzeuge wesentlich kostengünstiger

[1] Vgl. Gartner (2003b).

oder sie werden sogar als integraler Bestandteil von ERP-Systemen angeboten, was sich in der Regel in geringeren Integrationsaufwendungen niederschlägt. Dennoch hängt der Erfolg eines SCM-Projektes nicht allein von einer funktionierenden Software, sondern auch von der Wandlungsfähigkeit der Unternehmensorganisation und der Geschäftsprozesse ab.[2]

2.2.1 SCM-Begriff und -Markt

Der Begriff Supply Chain bezeichnet eine unternehmensübergreifende Geschäftsprozess- oder Wertschöpfungskette. Diese Wertschöpfungskette kann aus einer Vielzahl von Unternehmen bestehen, die in der Regel über mehrere Wertschöpfungsstufen hinweg ein Produkt erstellen und dieses zum Kunden beziehungsweise zum jeweils nachgelagerten Unternehmen transportieren. Die *unternehmensübergreifende Koordination der Material- und Informationsflüsse über den gesamten Wertschöpfungsprozess von der Rohstoffgewinnung über die einzelnen Veredelungsstufen bis hin zum Endkunden mit dem Ziel, den Gesamtprozess sowohl zeit- als auch kostenoptimal zu gestalten*, wird als Supply Chain Management (SCM) bezeichnet.[3]

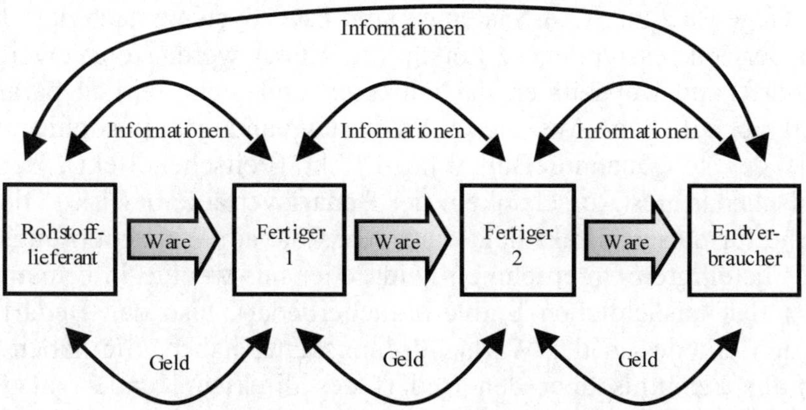

Abb. 6. Waren-, Informations- und Geldflüsse entlang der Supply Chain[4]

[2] Vgl. Montanus (2003b).
[3] Busch/Dangelmaier (2002).
[4] Vgl. Gadatsch (2002), S. 224.

Allerdings existiert eine einheitliche Definition des SCM-Begriffs bislang weder unter Praktikern noch in der wissenschaftlichen Theorie. Beispielsweise wird SCM in einer enger gefassten Definition als die *integrierte Planung, Simulation, Optimierung und Steuerung der Waren-, Informations- und Geldflüsse entlang der gesamten Wertschöpfungskette vom Kunden bis hin zum Rohstofflieferanten* charakterisiert.[5]

Zur Unterstützung dieser Planungs-, Simulations- und Steuerungsvorgänge bietet der Markt zahlreiche Softwaresysteme an, die in der Regel bestehende ERP-Systeme ergänzen. Mit der Einführung solcher SCM-Systeme sind für die am Wertschöpfungsprozess beteiligten Unternehmen folgende Optimierungspotenziale verbunden:

- Erhöhung der Prognosegenauigkeit,
- Reduktion der Materialbestände,
- Senkung der Prozesskosten,
- Erhöhung der Liefertreue,
- Verbesserung der Kapazitätsauslastung,
- Steigerung der Produktivität.[6]

Im Gegensatz zu SCM-Systemen sind ERP-Systeme nach dem Prinzip der Sukzessivplanung konzipiert. Dabei werden die jeweiligen Bedarfe und Kapazitäten nacheinander und nicht zeitlich parallelisiert abgeglichen. Aus dieser Sukzessivplanungsphilosophie resultiert der so genannte Bull-Whip-Effekt (Peitscheneffekt), der ein peitschenartiges Aufschaukeln der Bedarfsverläufe bewirkt. Die Ursache für diesen Effekt liegt darin, dass die am Wertschöpfungsprozess beteiligten Unternehmen keine oder nur wenige Informationen über den tatsächlichen Endverbraucherbedarf, also den Bedarf des letzten Gliedes in der Wertschöpfungskette, haben. Sie haben bestenfalls Kenntnis über den Bedarf des direkten Kunden, also des nächst nachgelagerten Gliedes in der Supply Chain.

---

[5] Schmitz (2002a).

[6] Vgl. Gadatsch (2002), S. 225.

Um Fehlbestände zu vermeiden und mögliche Bedarfsspitzen abfangen zu können, wird auf jeder Wertschöpfungsstufe ein zum Teil überhöhter Sicherheitsbestand vorgehalten, der Ungenauigkeiten in der Planung auffangen soll. Dadurch steigen die Kapitalbindungskosten unter Umständen stark an. Die Einführung von SCM-Systemen soll den Zielkonflikt zwischen Bestandsreduzierung einerseits und Fehlmengenvermeidung andererseits lösen.[7]

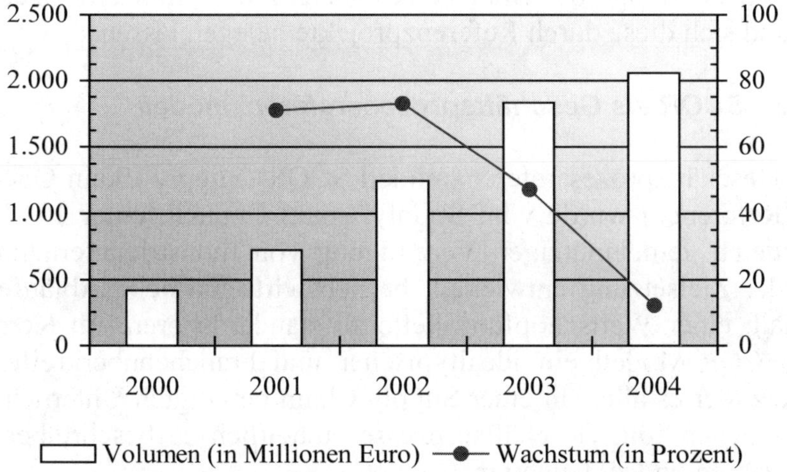

Abb. 7. Entwicklung des SCM-Marktes in Deutschland[8]

So komplex die Anwendung des SCM-Ansatzes in der Praxis auch sein mag, so groß sind die Potenziale zur Steigerung der Geschäftsprozesseffizienz und zur Kostensenkung. Laut einer Studie des Marktforschungsunternehmens Meta Group soll der deutsche SCM-Markt bei einer durchschnittlichen Jahreswachstumsrate von 48 Prozent im Jahr 2004 ein Volumen von über zwei Milliarden Euro erreichen. Dafür spricht insbesondere der steigende Einsatz von Geschäftsmodellen zur Auftragsfertigung (Make-to-Order) in Unternehmen, die zurzeit noch Lagerfertigungsstrategien (Make-to-Stock) verfolgen. Make-to-Order-Geschäftsmodelle verlangen eine verbesserte Synchronisation zwischen Angebot und Nachfrage, wodurch in

---

[7] Vgl. Schmitz (2002a).

[8] Vgl. Meta Group (2001), S. 6.

diesen Unternehmen ein steigender Bedarf an SCM-Werkzeugen zu erwarten ist.

Insgesamt ist davon auszugehen, dass *die Optimierung der Logistik über die klassischen Unternehmensgrenzen hinaus eines der beherrschenden Themen in den nächsten Jahren werden dürfte.*[9] Der Einsatz von SCM-Systemen dürfte also auch in den kommenden Jahren die oberen Plätze der Prioritätenliste der Unternehmen belegen. Bei der Auswahl von Softwareprodukten sollten mittelständische Unternehmen allerdings die Branchenkompetenz des Anbieters überprüfen und sich diese durch Referenzprojekte belegen lassen.

2.2.2 SCOR als Geschäftsprozessreferenzmodell

Das Geschäftsprozessreferenzmodell SCOR (Supply Chain Operations Reference) wurde vom Supply Chain Council, einer 1997 gegründeten gemeinnützigen Vereinigung von Industrieunternehmen, mit der Zielsetzung entwickelt, betriebswirtschaftliche Abläufe innerhalb einer Wertschöpfungskette zu standardisieren. Im Kern ist das SCOR-Modell ein idealtypischer und branchenübergreifender Ansatz, der es allen an einer Supply Chain beteiligten Unternehmen ermöglichen soll, Geschäftsprozesse einheitlich zu beschreiben, zu analysieren und zu bewerten.[10]

Zunächst geht das SCOR-Modell davon aus, dass sich jede Wertschöpfungskette mit den drei Basisprozessen Beschaffung, Produktion und Absatz darstellen lässt. Durch eine Verbindung dieser Geschäftsprozesse, die sich auf jeder Wertschöpfungsstufe wiederholen, werden Kunden-Lieferanten-Beziehungen definiert. Auf einer übergreifenden Ebene wird als vierter Prozess schließlich die Planung eingeführt. Diese bezieht die drei Basisprozesse, die entlang der gesamten Wertschöpfungskette wiederholt auftauchen, ein. Letztlich soll durch den übergreifenden Planungsprozess das Angebot der Lieferanten und die Nachfrage der Kunden auf allen Wertschöpfungsstufen der Supply Chain ausbalanciert werden.[11]

---

[9] Hoffmann/Zilch (2000), S. 59.
[10] Vgl. Werner (2002b), S. 15 f.
[11] Vgl. Busch/Lange/Langemann (2002), S. 12.

Das SCOR-Modell gliedert sich in vier Ebenen, wobei in der ersten, die als Prozessebene bezeichnet wird, Umfang und Inhalt einer Wertschöpfungskette definiert und durch die vier Standardprozesse Beschaffung, Produktion, Absatz und Planung dargestellt werden. Auf Basis der ersten Ebene werden in der zweiten Ebene die vier Standardprozesse jeweils in drei weitere Prozesstypen, nämlich Planung, Ausführung und Infrastruktur unterteilt. Dadurch ergibt sich eine Matrix – die aus zwölf Hauptfeldern bestehende so genannte Configuration-Toolbox, die im allgemeinen als Prozesskategorien bezeichnet werden.

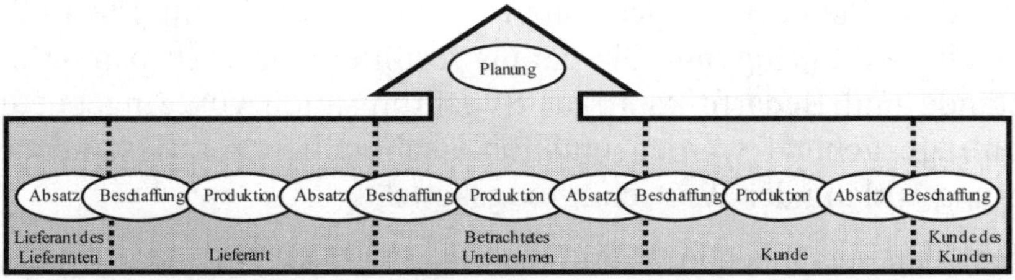

Abb. 8. Supply-Chain-Prozessebene nach dem SCOR-Modell[12]

Aus diesen Prozesskategorien setzt ein Unternehmen seine Supply Chain zusammen und definiert damit seine Wertschöpfungsstrukturen. In der dritten Ebene, der Gestaltungsebene, werden die Prozesskategorien in einzelne Prozesselemente aufgegliedert. Diese Prozesselemente beschreiben die einzelnen Teilprozesse sowie Input- und Output-Größen. Schließlich werden in der vierten Ebene, der Implementierungsebene, die einzelnen Prozesselemente mit unternehmensspezifischen Inhalten, zum Beispiel Preisen oder Lieferterminen, gefüllt. Über ein normiertes Kennzahlensystem können die Teilprozesse überwacht und gesteuert werden.[13]

Die mit dem SCOR-Modell bewirkte Standardisierung der Geschäftsprozesse führt nicht zwingend zu Wettbewerbsvorteilen. Um nachhaltig wirksame Wettbewerbsvorteile aufzubauen, müssen Unternehmen in der Anwendung des SCOR-Modells zwischen Standardisierung einerseits und Individualisierung andererseits abwägen.

[12] Vgl. Gadatsch (2002), S. 229.
[13] Vgl. Werner (2002b), S. 16 ff.

Letztlich schafft nur eine zumindest in Ansätzen praktizierte Differenzierungsstrategie nachhaltig wirksame Wettbewerbsvorteile.

2.2.3 Transparenz als erfolgskritischer Faktor

Die Voraussetzung für die Erschließung der Optimierungspotenziale durch SCM ist eine erhöhte Informationstransparenz in der Supply Chain. Die Einführung von E-Business ermöglicht es, sämtliche für den Wertschöpfungsprozess relevanten Informationen ohne Medienbrüche über alle Wertschöpfungsstufen hinweg fließen zu lassen. Dadurch stehen diese Informationen auf einer einheitlichen Datenbasis allen Partnern in der Supply Chain zeitnah, im Idealfall in Echtzeit, zur Verfügung. Die daraus resultierende Transparenz über Bestände und Bedarfe kann zur Synchronisation von Angebot und Nachfrage genutzt werden und führt schließlich zur Bestandsoptimierung entlang der Wertschöpfungskette.

Neben den technischen Voraussetzungen muss ein unternehmensübergreifendes Grundverständnis aufgebaut werden, das *Transparenz in den Prozessen schafft, indem es alle relevanten Interpendenzen zu Lieferanten- und Abnehmerwertketten einbezieht sowie Wechselwirkungen innerhalb des Unternehmens und zwischen den Geschäftspartner aufdeckt und berücksichtigt. Im Kern bedeutet dies eine systematische Verzahnung aller wertschöpfenden Prozesse der beteiligten Unternehmen mit dem Ziel, sich am künftigen Bedarf des Marktes zu orientieren und anzupassen. Eine ganzheitliche Prozessorientierung über Unternehmensgrenzen hinaus bildet vor diesem Hintergrund eine Grundvoraussetzung zur Optimierung von Wertschöpfungsprozessen.*[14]

Bislang wird idealtypisches SCM nur von wenigen Unternehmen praktiziert. Der Grund liegt in der mangelnden Bereitschaft, stärker und offener zusammenzuarbeiten. Die Unternehmen befürchten eine steigende Abhängigkeit der Wertschöpfungspartner voneinander und damit einen Verlust an Souveränität. Zudem verlangt die enge Zusammenarbeit die Preisgabe geschäftskritischer Informationen, wodurch die Gefahr des Know-how-Abflusses wächst.[15]

---

[14] Nicolai (2002a).

[15] Vgl. Werner (2002b), S. 27.

2.3 Electronic Procurement

Die digitale Abbildung von Beschaffungsprozessen auf Basis moderner Informations- und Kommunikationstechnologie wurde vom Mittelstand bislang mit Zurückhaltung aufgegriffen. Laut Meta Group hatten im Jahr 2001 lediglich 13 Prozent der im E-Business aktiven mittelständischen Unternehmen E-Procurement-Anwendungen eingeführt. Die Verbreitung der elektronisch basierten Beschaffung bei Unternehmen mit mehr als 1.000 Mitarbeitern war zum gleichen Zeitpunkt mehr als doppelt so hoch.

Zahlreiche Projekterfolge bei größeren Unternehmen haben aber die Potenziale des E-Procurement praktisch belegt:

- Optimierung der Beschaffungsprozesse,
- Kosteneinsparung,
- Rationalisierung der Lieferantenbeziehungen,
- verbessertes Katalogmanagement und
- höhere Informationstransparenz.

In der Folge hat insbesondere der gehobene Mittelstand im E-Procurement aufgeholt. 40 Prozent der Unternehmen dieses Segmentes planen für das Jahr 2004 die Einführung von E-Procurement-Systemen, so Meta Group.

Zu den wichtigsten Funktionen, über die ein mittelstandstaugliches E-Procurement-System verfügen muss, gehören das effiziente Management von Lieferanten- und Produktkatalogen, die Authentifizierung von Benutzern, die interne Benutzerrechtevergabe, das Abrufen tagesaktueller Preisinformationen und die kostengünstige Integration der E-Procurement-Anwendung in bestehende ERP-Systeme.[1]

Mittlerweile haben die meisten ERP-Softwarehersteller Funktionen für die elektronisch basierte Beschaffung in ihre Produkte integriert. Im Vergleich zu den Produkten von Spezialanbietern wie Ariba sind die Aufwendungen für die Einführung und den Betrieb solcher integrierter Lösungen deutlich geringer sind, wenn auch die Funktio-

[1] Vgl. Meta Group (2004).

nalität nicht annähernd so umfangreich ist. Im Einzelfall ist zwischen Kosten und Funktionsumfang abzuwägen.

Während E-Procurement an den operativen Beschaffungsprozessen ansetzt, unterstützt Supplier Relationship Management (SRM) umfassende Beschaffungsstrategien, beispielsweise die Lieferantenauswahl oder das Verhandeln von Rahmenverträgen. Bislang findet SRM vor allem in Großunternehmen Anwendung, die die zum Teil sehr hohen Aufwendungen für die Einführung und den Betrieb komplexer SRM-Systeme durch langfristig zu erwartende Kosteneinsparungen rechtfertigen können.

Dennoch wird SRM als die logische Erweiterung des E-Procurement betrachtet, da erst das Zusammenspiel der operativen und der strategischen Beschaffung nachhaltige Effizienzsteigerungen verspricht. So sollte auch der Mittelstand bei seiner E-Business-Planung den Übergang von E-Procurement zu einer umfassenden SRM-Strategie unbedingt berücksichtigen.

2.3.1 E-Procurement-Begriff und -Markt

Unter dem Begriff E-Procurement wird die Integration moderner Informations- und Kommunikationstechnologie in den Beschaffungsbereich eines Unternehmens verstanden. Ziel des E-Procurement ist es, die Beschaffungsabläufe zeit- und kosteneffizienter zu gestalten, *um eine Konzentration auf strategische Aufgaben mit höherem Wertschöpfungsanteil zu ermöglichen.*[2] Rein operative Tätigkeiten werden im Idealfall vollständig automatisiert.

Innerhalb des E-Business-Marktes galt E-Procurement in den vergangenen Jahren als einer der stärksten Wachstumsbereiche, weil die Kosteneinsparpotenziale im Beschaffungsbereich plausibel dargestellt werden konnten. Allerdings setzten insbesondere Großunternehmen Softwaresysteme für die elektronisch basierte Beschaffung ein; mittelständische Unternehmen waren bislang zurückhaltender beim Einstieg ins E-Procurement. Einer von der Unternehmensberatung Arthur D. Little durchgeführten Untersuchung zufolge nutzten im Jahr 2001 rund die Hälfte der deutschen Unternehmen E-

[2] Wirtz (2001), S. 309.

Procurement, wobei sich beim Nutzungsgrad in Abhängigkeit von der Unternehmensgröße ein differenzierteres Bild ergibt.

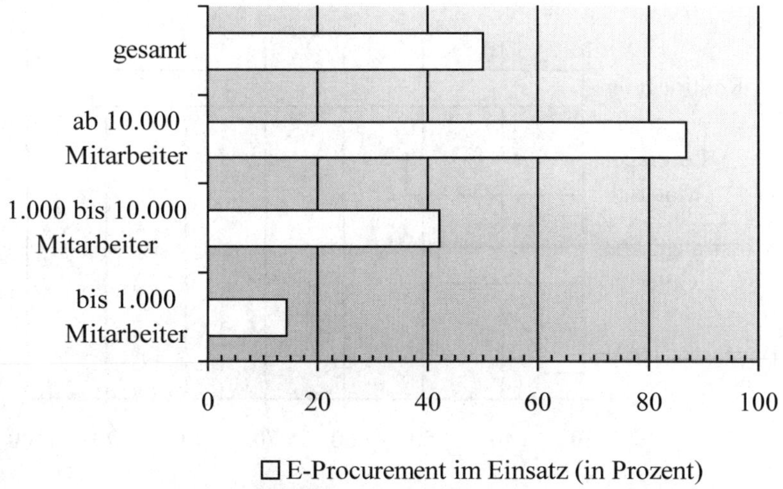

Abb. 9. E-Procurement-Einsatz nach Unternehmensgröße[3]

Mit zunehmender Mitarbeiterzahl steigt der Einsatzgrad von E-Procurement-Systemen in den Unternehmen deutlich. Beispielsweise nutzten laut Arthur D. Little in 2001 nicht einmal 15 Prozent der kleinen und mittelständischen Unternehmen mit weniger als 1.000 Beschäftigten die elektronische Beschaffung, während 86,7 Prozent der Großunternehmen mit mehr als 10.000 Mitarbeitern E-Procurement-Systeme einsetzten.

Beim E-Procurement wird grundsätzlich zwischen der elektronisch unterstützten Beschaffung von indirekten Gütern und der elektronisch unterstützten Beschaffung von direkten Gütern unterschieden. Indirekte Güter, die auch als C-Artikel, Hilfs- und Betriebsstoffe oder MRO-Güter (Maintenance, Repair and Operations) bezeichnet werden, dienen der Aufrechterhaltung der Wertschöpfung. Ihr wertmäßiger Anteil am Beschaffungsvolumen eines Unternehmens beträgt in der Regel zwischen 20 und 30 Prozent. Im Gegensatz dazu fließen direkte Güter unmittelbar in den Leistungserstellungsprozess

[3] Vgl. Arthur D. Little (2001), S. 8.

ein; sie tragen direkt zur Wertschöpfung bei. Der wertmäßige Anteil der direkten Güter am Beschaffungsvolumens eines Unternehmens beträgt in der Regel 70 bis 80 Prozent.[4]

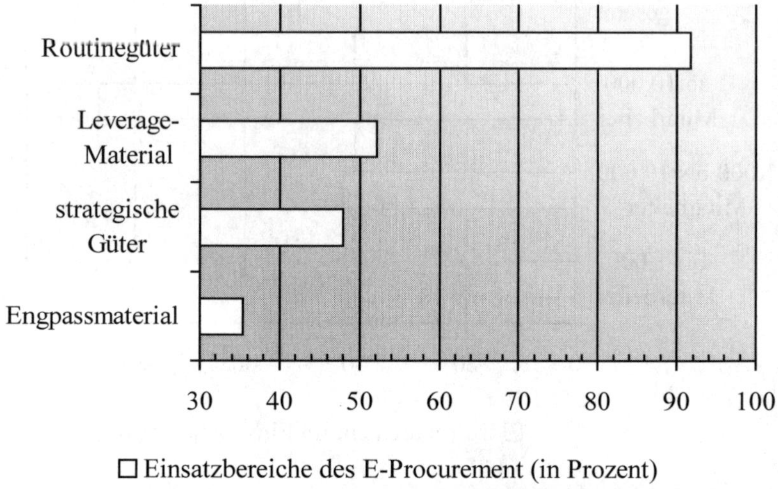

Abb. 10. E-Procurement-Einsatz nach Materialsegmenten[5]

Betrachtet man den Einsatz von E-Procurement-Systemen in Abhängigkeit der Materialsegmente, so ist festzustellen, dass die elektronische Beschaffung insbesondere im Bereich der Routinegüter Anwendung findet. Über 90 Prozent der deutschen Unternehmen, die im Jahr 2001 E-Procurement-Systeme eingesetzt hatten, nutzen diese für die Beschaffung von Routinegütern, die wiederum der Kategorie der indirekten Güter zuzuordnen sind.

Bei der elektronischen Beschaffung dieser Güterkategorie steht die Senkung der Prozesskosten im Vordergrund. 52 Prozent der Unternehmen setzten die elektronische Beschaffung im Bereich des Leverage-Materials mit dem Ziel der Preissenkung, insbesondere durch das Ausüben von Preisdruck auf die Lieferanten durch Nachfragebündelung, ein. 48 Prozent nutzten E-Procurement für die Beschaffung von strategischen, 35 Prozent für den Einkauf von Engpassma-

[4] Vgl. Mattes (1999), S. 59 f.
[5] Vgl. Arthur D. Little (2001), S. 11.

terial, so die Ergebnisse der Studie von Arthur D. Little. Sowohl bei den strategischen Gütern als auch beim Engpassmaterial handelt es sich in der Regel um direkte Güter, die unmittelbar in den Wertschöpfungsprozess einfließen.

2.3.2 Anwendungsfelder und Funktionsweise

In der Vergangenheit konzentrierte sich die Mehrheit der Unternehmen bei der Integration von Informations- und Kommunikationstechnologie zur Optimierung der Beschaffung insbesondere auf den Bereich der direkten Güter, die unmittelbar in den Wertschöpfungsprozess einfließen.[6] Durch die Einführung von ERP-Systemen wurden die Beschaffungsvorgänge zwar nicht automatisiert, die für die Beschaffung relevanten Geschäftsprozesse durch die Abbildung im ERP-System aber weitgehend standardisiert.

Im Gegensatz dazu wurden von den Unternehmen im Bereich der indirekten Güter wegen ihrer untergeordneten Bedeutung für den Wertschöpfungsprozess kaum Optimierungsversuche unternommen. Beispielsweise wird Büromaterial von einem Großteil der Unternehmen immer noch über einen in der Regel papierbasierten Lieferantenkatalog per Telefon oder Fax bestellt. Dabei werden vorgegebene standardisierte Beschaffungsprozesse nicht zwingend angewendet. Dies hat zur Folge, dass unter Umständen die Prozesskosten ansteigen und den Warenwert eines indirekten Gutes um ein Vielfaches übersteigen können. Die Umgehung vorgegebener Bestellvorgänge verhindert außerdem eine übergreifende Prozesstransparenz, so dass die Bedarfsträger in einem Unternehmen auch bei inoffiziellen Lieferanten Güter beschaffen können. Eine übergreifende Preistransparenz ist dann nicht mehr gegeben, so dass möglicherweise überhöhte Preise in Kauf genommen werden.[7]

Der Einsatz von E-Procurement birgt hier enormes Optimierungspotenzial. Insbesondere die Einhaltung der Beschaffungspolitik und der Beschaffungsrichtlinien in einem Unternehmen kann durch die Einführung regelbasierter E-Procurement-Systeme gewährleistet, wenigstens aber effektiv unterstützt werden. Beispielsweise können

---

[6] Vgl. Alt/Fleisch/Österle (2002), S. 208.

[7] Vgl. Mattes (1999), S. 59 f.

Unternehmen individuelle Beschaffungsrechte, die die Einkaufsabteilung an die Mitarbeiter vergibt, in den Systemen abbilden. Durch Genehmigungs-Workflows wird die praktische Umsetzung dieser Rechte gewährleistet.

Die Aufgaben der Einkaufsabteilung werden in der Regel in eine strategische und eine operative Komponente aufgeteilt. Die Aufgaben der strategischen Beschaffung liegen beispielsweise im Lieferantenmanagement, im Verhandeln von Rahmenverträgen und in der Bedarfsbündelung. Der operativen Beschaffung sind dagegen eher administrative Aufgaben wie die tatsächliche Abwicklung der Bestell- und Bezahlungsvorgänge zuzuordnen.

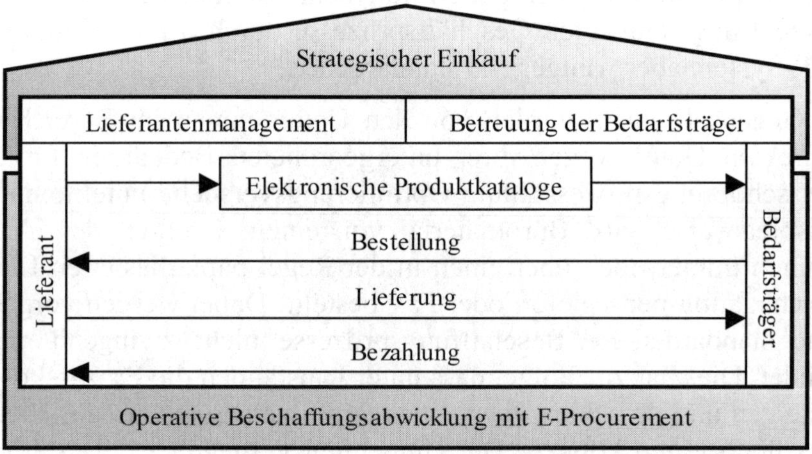

Abb. 11. Aufgaben des strategischen und operativen Einkaufs[8]

In der Praxis ist der strategische Einkauf oft mit administrativen Routinearbeiten beschäftigt, anstatt Aufgaben mit einer weitaus höheren Wertschöpfung durchzuführen. Wie bereits erwähnt, beträgt der wertmäßige Anteil der indirekten Güter am Beschaffungsvolumens eines Unternehmens in der Regel zwischen 20 und 30 Prozent; ihr mengenmäßiger Anteil liegt aber zwischen 70 und 90 Prozent. Indirekte Güter zeichnen sich also durch einen hohen Mengen-, aber geringen Wertanteil aus; ihre strategische Bedeutung für ein Unternehmen ist gering.

[8] Vgl. Alt/Fleisch/Österle (2002), S. 209.

Im Gegensatz dazu sind die direkten Güter mit einem deutlich niedrigeren mengenmäßigen Anteil und einem hohen Wertanteil, der in der Regel zwischen 70 und 80 Prozent beträgt, die strategisch wichtigen Güter. Daher sollten sich die strategischen Beschaffungsaktivitäten aufgrund des hohen Wertanteils insbesondere auf den Bereich der direkten Güter konzentrieren.[9]

Durch die Einführung eines E-Procurement-Systems können die operativen Beschaffungsprozesse, deren überwiegende Mehrheit mit der Beschaffung indirekter Güter verbunden ist, auf den Bedarfsträger verlagert werden. Dadurch wird die Einkaufsabteilung von operativen Aufgaben entlastet und kann sich auf strategisch wichtigere Aufgaben konzentrieren.

Grundsätzlich hängen die Einsatzmöglichkeiten von E-Procurement von den Eigenschaften der zu beschaffenden Güter ab, wobei insbesondere Güter mit den folgenden Eigenschaften für die elektronische Beschaffung geeignet sind:

- geringe strategische Bedeutung,
- geringer Materialwert,
- hohe Beschaffungsprozesskosten,
- große Bestellvolumina,
- geringe Erklärungsbedürftigkeit,
- hohe Standardisierbarkeit.[10]

Über ein klassisches ERP-System können nur Teilprozesse der Beschaffung elektronisch unterstützt und teilautomatisiert abgewickelt werden. Beispielsweise übergibt ein Bedarfsträger eine Bedarfsmeldung an das Materialwirtschaftsmodul, das in das ERP-System integriert ist. Den eigentlichen Bestellvorgang löst aber letztlich die Einkaufsabteilung aus.[11] Durch den Einsatz von E-Procurement soll der gesamte Beschaffungsprozess mit dem Ziel eines hohen Automatisierungsgrades elektronisch unterstützt werden.

---

[9] Vgl. Wirtz (2001), S. 313 ff.

[10] Vgl. Kleineicken (2002).

[11] Vgl. Bogner/Möhrstädt/Paxian (2001), S. 13.

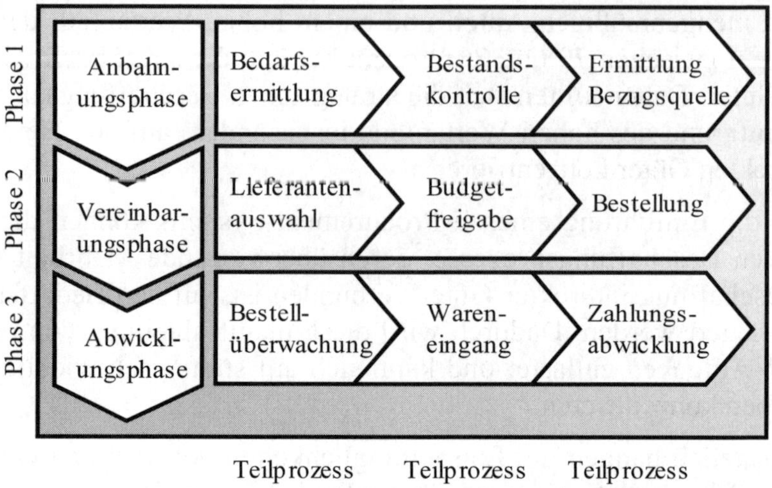

Abb. 12. Phasen und Teilprozesse in der Beschaffung[12]

In der Anbahnungsphase wird der eigentliche Beschaffungsprozess angestoßen, indem durch den Bedarfsträger oder im Rahmen der zyklischen Bedarfsplanung ein Defizit an benötigten Gütern festgestellt wird. Im Rahmen der Bestandskontrolle wird der festgestellte Bedarf über das ERP-System mit dem Lagerbestand des Unternehmens abgeglichen. Bei Nichtvorhandensein der benötigten Güter wird der Prozess der Bezugsquellenermittlung angestoßen.

Nach Abschluss der Bezugsquellenermittlung beginnt die Vereinbarungsphase mit der Lieferantenauswahl. Hier kann der Bedarfsträger über das E-Procurement-System auf elektronische Produktkataloge zugreifen, die Zulieferer auf Basis geschlossener Rahmenverträge zur Verfügung stellen. Dadurch lässt sich die Einhaltung der Beschaffungsrichtlinien gewährleisten. Im Teilprozess der Budgetfreigabe durchläuft die Bestellanforderung in der Regel unterschiedliche Genehmigungsverfahren, die von der Einkaufsabteilung prinzipiell frei konfiguriert werden können. Nach der Genehmigung der Bestellanforderung wird diese in eine Bestellung transformiert und an das ERP-System übergeben. Die Teilprozesse der Abwicklungspha-

[12] Vgl. Wirtz (2001), S. 317 ff.

se wie Wareneingangskontrolle und Abwicklung des Zahlungsverkehrs werden durch Funktionen des ERP-Systems unterstützt.

Abschließend bleibt festzuhalten, *dass die potenzielle Einsatzfähigkeit von E-Procurement in jeder Phase des Beschaffungsprozesses gegeben ist.*[13] Die größten Potenziale zu Kosteneinsparungen und Effizienzsteigerungen verspricht letztlich die hohe Automatisierung der operativen Beschaffungsprozesse und die Verlagerung dieser auf den Bedarfsträger, so dass der Einkaufsabteilung mehr Zeit für die Ausführung strategischer Aufgaben mit hoher Wertschöpfung bleibt.

2.3.3 SRM als strategischer Ansatz

Unter dem Begriff Supplier Relationship Management (SRM) wird das Management der gesamten Lieferantenbasis, der einzelnen Lieferantenbeziehungen sowie der Beschaffungsprozesse verstanden.[14] In vielen Fällen hat sich herausgestellt, dass allein die elektronische Unterstützung der operativen Beschaffungsprozesse durch E-Procurement nicht zwingend zu einer operationalen Effizienzsteigerung führt. Als ergänzende Komponente hat der Einsatz von SRM-Systemen das Ziel, die strategischen Beschaffungsprozesse eines Unternehmens übergreifend zu optimieren.[15]

Die Charakteristika von Beschaffungsprozessen können sich innerhalb eines Unternehmens sehr stark voneinander unterscheiden. Dabei ergeben sich prinzipiell mindestens zwei Arten von Beschaffungsprozessen:

- der lieferantenorientierte Beschaffungsprozess und
- der produktorientierte Beschaffungsprozess.

Im Rahmen des SRM ist vor allem der lieferantenorientierte Beschaffungsprozess von Bedeutung, bei dem die Zulieferer in den Leistungserstellungsprozess des Unternehmens mit dem Ziel der langfristigen Etablierung von Lieferantenbeziehungen integriert werden. Dieser Prozesstyp ist insbesondere für die Beschaffung

---

[13] Vgl. Wirtz (2001), S. 317 ff.

[14] Vgl. Kleineicken (2002).

[15] Vgl. Karch/Pérez (2002), S. 285.

hochwertiger direkter Güter geeignet, die unmittelbar in den Wertschöpfungsprozess einfließen.[16] Bei der Beschaffung der direkten Güter steht im Gegensatz zu den indirekten Gütern weniger die Kostenreduzierung als die Minimierung von Qualitäts- und Versorgungsrisiken im Vordergrund.

Als Beispiel für das Anwendungspotenzial von SRM sei die Automobilindustrie genannt. Vor dem Hintergrund der sinkenden Wertschöpfungstiefe der Automobilhersteller wird ein aktives Lieferantenmanagement im Sinnes des SRM zum erfolgskritischen Faktor im Wettbewerb. Da die Bedeutung der Zulieferer für den Wertschöpfungsprozess kontinuierlich zunimmt, müssen Lieferanten-Hersteller-Beziehungen reibungslos funktionieren. Hier führt SRM zur langfristigen Etablierung von Lieferantenbeziehungen, so dass sich aus diesen Beziehungen Effektivitätspotenziale sowohl für die Hersteller als auch für die Zulieferer ergeben.[17]

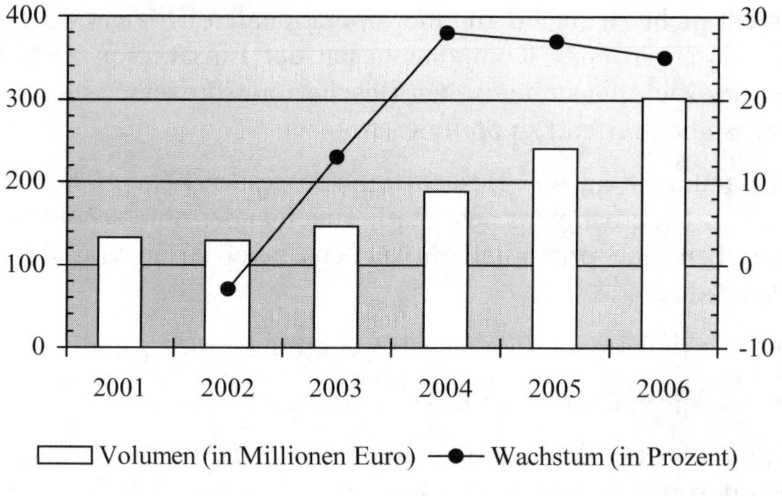

Abb. 13. Entwicklung des SRM-Marktes in Europa[18]

[16] Vgl. Wirtz (2001), S. 316.
[17] Vgl. Schmitz (2002a).
[18] Vgl. Frost & Sullivan (2002), S. 13.

Von der wachsenden Bedeutung der strategischen Beschaffungsprozesse und der Möglichkeit, diese elektronisch zu unterstützen, soll der Markt für SRM-Software und -Dienstleistungen in Zukunft stark profitieren. Das Marktforschungsunternehmen Frost & Sullivan geht davon aus, dass der europäische Markt für SRM-Systeme bis 2009 um durchschnittlich 18 Prozent pro Jahr wachsen wird.

Gleichzeitig warnt Frost & Sullivan davor, dass viele Softwareanbieter ihrer Software die Bezeichnung SRM geben, auch wenn diese dem SRM-Ansatz nur in Ansätzen Rechnung tragen. Hier müssen potenzielle Anwenderunternehmen genauestens prüfen, ob ein Produkt die strategischen Beschaffungsfunktionen tatsächlich ausreichend und unternehmensübergreifend unterstützt.

2.4 Electronic Selling

Der elektronische basierte Handel mit Waren und Dienstleistungen, der unter dem Begriff E-Commerce subsumiert wird, gehört nach wie vor zu einem der stärksten Wachstumsbereiche des gesamten E-Business-Marktes. Das Marktforschungsunternehmen IDC prognostiziert dem weltweiten E-Commerce-Markt jährliche Wachstumsraten von über 80 Prozent bis 2005. Lagen die Umsätze 2001 bei 600 Milliarden US-Dollar, so wurde laut IDC bereits im Folgejahr die Billionen-Dollar-Marke überschritten.

Die Voraussetzung für die Teilnahme am E-Commerce ist die digitale Abbildung und Ausführung von Absatz- und Vertriebsprozessen auf Basis moderner Informations- und Kommunikationstechnologie. Diese wird im allgemeinen als E-Selling bezeichnet. Heute wird E-Selling in der Regel als Komponente eines unternehmensübergreifenden, strategischen CRM-Ansatzes betrachtet. Dieser setzt sich aus den drei operativen Bereichen Marketing, Vertrieb und Service zusammen und versucht diese effizient miteinander zu verknüpfen. Im Idealfall ergeben sich schließlich durch Synergieeffekte neue Umsatz- und Kosteneinsparpotenziale.

Diesem integrierten Ansatz tragen heute auch viele große Softwarehersteller Rechnung. So bieten mittlerweile E-Business-Softwareanbieter wie SAP, Siebel, Peoplesoft oder Oracle E-Selling-Systeme als Teil ihrer CRM-Produktpalette an.

	2002 (in Prozent)	2001 (in Prozent)
Siebel	24,9	28,5
SAP	15,9	10,9
Peoplesoft	4,3	3,9
Oracle	4,3	5,5
Amdocs (Clarify)	3,2	3,8
andere	47,4	47,4

Abb. 14. Marktanteile der größten CRM-Softwarehersteller[1]

[1] Vgl. Gartner (2004).

Zwar hat Untersuchungen der Analysten von Gartner zufolge der CRM-Softwaremarkt stark unter der wirtschaftlichen Schwäche der Jahre 2001 und 2002 gelitten – der Lizenzumsatz aus CRM-Neuimplementierungen sank im Jahr 2002 gegenüber dem Vorjahr um knapp 25 Prozent. Dennoch betrug der Gesamtumsatz mit CRM-Softwarelizenzen weltweit 2,8 Milliarden US-Dollar, womit der CRM-Bereich eines der größten Anwendungssegmente des E-Business-Softwaremarktes ist.

Große Softwareanbieter wie Siebel bieten im Rahmen ihrer Produktpalette seit geraumer Zeit auch Mittelstandslösungen an, wobei es sich beispielsweise bei Siebel lediglich um eine *abgespeckte* Version des Kernproduktes aus dem Hause des US-amerikanischen Softwareherstellers handelt. So wurde unter anderem der Funktionsumfang des Kernproduktes erheblich reduziert, wodurch der Eindruck einer geringeren Komplexität erweckt wird. Da sich aber das Siebel-Produkt, auf dem die Mittelstandslösung basiert, insbesondere für den Einsatz in Großunternehmen eignet, darf die Mittelstandstauglichkeit einer solchen Lösung stark bezweifelt werden.

Mittelständische Unternehmen sollten deshalb insbesondere die Angebote kleinerer Softwarehersteller, die explizit den Mittelstand adressieren, unter die Lupe nehmen. Diese Anbieter haben in der Regel im Rahmen zahlreicher Projekte Erfahrungen im mittelständischen Marktsegment gesammelt. Entsprechend groß ist ihre Kenntnis der spezifischen Anforderungen. Interessant sind aber auch die integrierten Angebote der ERP-Hersteller, die neben CRM- auch über E-Selling-Funktionen verfügen. Zwar muss man dabei eine oft weniger umfangreiche Funktionalität in Kauf nehmen, als sie die Produkte von Spezialanbietern bieten. Dafür ist das Preis-Leistungsverhältnis dieser Angebote in der Regel umso attraktiver.

2.4.1 E-Selling-Begriff und -Markt

Unter dem Begriff E-Selling wird die Integration von Informations- und Kommunikationstechnologie zur Unterstützung der operativen Absatz- und Vertriebsprozesse in einem Unternehmen verstanden. Die Nutzenpotenziale des E-Selling liegen insbesondere in der Schaffung neuer Vertriebswege, der effizienteren Ansprache potenzieller Kunden, dem gezielten und messbaren Marketingeinsatz mit zentral organisierter Aufbereitung und Bereitstellung von Informationen sowie der Verbesserung der Kundenbindung durch individuelle Ansprache und die Verfügbarkeit optimierter Serviceleistungen.[2]

Den Ergebnissen einer Untersuchung zufolge, die die Bundesvereinigung der Deutschen Arbeitgeberverbände in Auftrag gegeben hat, haben in Deutschland im Jahr 2001 etwa ein Drittel der Unternehmen Umsätze über E-Selling generiert. Es ist davon auszugehen, dass der Anteil dieser Unternehmen in den nächsten Jahren erheblich steigen wird, so dass im Jahr 2004 nur noch 13 Prozent der Unternehmen keinerlei Umsätze durch E-Selling erzielen werden.

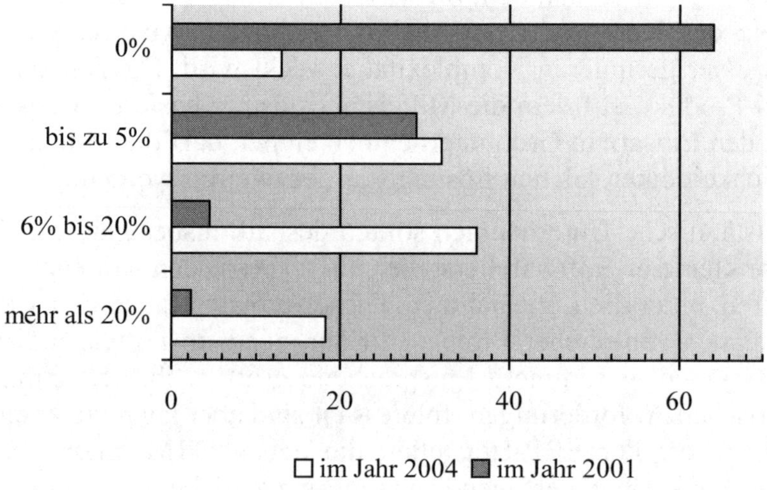

Abb. 15. Anteil der E-Selling-Umsätze am Gesamtumsatz[3]

Damit einhergehend wird auch der Anteil des E-Selling-Umsatzes am Gesamtumsatz der Unternehmen wachsen. Während in 2001 lediglich zwei Prozent der deutschen Unternehmen mehr als 20 Prozent des Gesamtumsatzes über E-Selling generierten, gehen 18 Prozent der Unternehmen davon aus, bis zum Jahr 2004 mehr als ein Fünftel des Umsatzes über den elektronischen Vertriebskanal zu er-

[2] Vgl. Bogner/Möhrstädt/Paxian (2001), S. 22.
[3] Vgl. Bundesvereinigung der Deutschen Arbeitgeberverbände (2001), S. 10.

wirtschaften, so die Studienergebnisse der Bundesvereinigung der Deutschen Arbeitgeberverbände. Damit wächst der E-Selling-Bereich deutlich langsamer als noch Ende der 1990er Jahre erwartet. Er bleibt dennoch eines der stärksten Wachstumssegmente innerhalb des E-Business-Marktes.

2.4.2 Anwendungsfelder und Funktionsweise

E-Selling-Systeme bieten für sämtliche Absatz- und Vertriebsprozesse umfassende Anwendungspotenziale. Analog zu den traditionellen Absatzprozessen wird E-Selling in die drei Phasen Pre-Sales, Sales und After-Sales unterteilt.

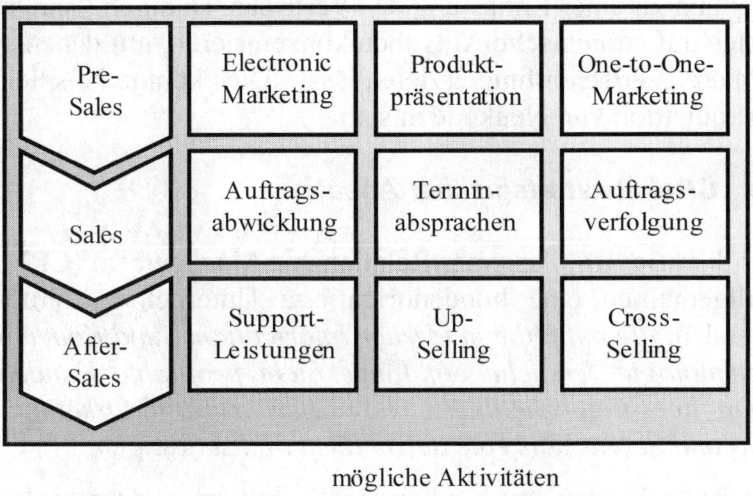

Abb. 16. Phasen des Absatzprozesses[4]

In der Vorverkaufsphase, der Pre-Sales-Phase, sollen durch zentral organisierte Marketingaktivitäten Produktpräferenzen bei den potenziellen Kunden geschaffen werden. Hierzu können vorhandene Kundendaten zur individuellen Ansprache, die auch als One-to-One-Marketing bezeichnet wird, genutzt werden. In der Sales-Phase, der eigentlichen Verkaufsphase, werden operative Prozesse über das E-Selling-System abgewickelt. Durch die Kopplung an das ERP-

[4] Vgl. Nicolai (2002b).

System können operative Prozesse, zum Beispiel die Auftragsverfolgung oder Verfügbarkeitsprüfung, zeitnah bei einem hohen Automatisierungsgrad durchgeführt werden. Schließlich werden in der After-Sales-Phase sämtliche Service- und Support-Leistungen, zum Beispiel das Beschwerdenmanagement oder die Retourenabwicklung, übernommen.[5]

Der Einsatz von E-Selling-Systemen führt in der Regel zu einer deutlichen Verkürzung der Durchlaufzeiten für die Auftragsbearbeitung. Im Gegensatz zur papiergebundenen Auftragsabwicklung entstehen bei der elektronisch basierten Bearbeitung im Idealfall keinerlei Medienbrüche. Diese Optimierung der operativen Absatzprozesse führt zur Reduzierung der Geschäftsprozesskosten und schließlich zu einer Entlastung des Vertriebs. Dadurch kann sich der Vertrieb auf strategische Aufgaben konzentrieren, mit denen sich eine höhere Wertschöpfung erzielen lässt.[6] Dies könnte beispielsweise die Akquisition von Neukunden sein.

2.4.3 CRM als strategischer Ansatz

Unter dem Begriff Customer Relationship Management (CRM) wird im allgemeinen eine kundenorientierte Unternehmensphilosophie verstanden, *die mit Hilfe moderner Informations- und Kommunikationstechnologie versucht, auf lange Sicht profitable Kundenbeziehungen durch ganzheitliche und differenzierte Marketing-, Vertriebs- und Servicekonzepte aufzubauen und zu festigen.*[7]

Da sich die Kosten der Neukundenakquisition im Durchschnitt auf das Fünffache der Pflege bestehender Kundenbeziehungen belaufen, ist es insbesondere das Ziel von CRM, vorhandene profitable Kunden an das Unternehmen zu binden und stabile, langfristig angelegte Beziehungen zu etablieren. Durch die wachsende Vertrautheit dieser Kunden mit dem Unternehmen und die Nutzung von Cross-Selling-Potenzialen können eine steigende Kauffrequenz und damit größere Absatzmengen herbeigeführt werden. Außerdem kann die Etablierung langfristiger Kundenbeziehungen zu einer vom Kunden emp-

---

[5] Vgl. Nicolai (2002b).
[6] Vgl. Mattes (1999), S. 29 f.
[7] Nicolai (2002b).

fundenen Risikoreduktion und schließlich zu einer abnehmenden Preiselastizität der Nachfrage führen. Dadurch werden höhere Preise bei gleichbleibenden oder sogar sinkenden Kosten durchsetzbar. Im Ergebnis führt eine Senkung der Abwanderungsquote in der Regel zu deutlichen Gewinnsteigerungen.[8]

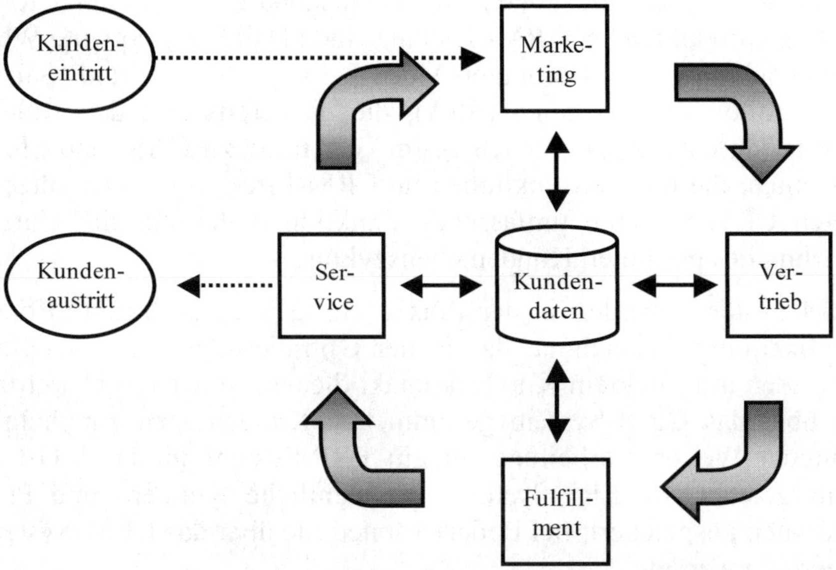

Abb. 17. Unternehmensfunktionen im CRM-Life-Cycle-Modell[9]

Um die Anforderungen der Kunden optimal zu erfüllen, verlangt der CRM-Ansatz eine systematische Anordnung der Unternehmensfunktionen Marketing, Vertrieb, Fulfillment und Service. Die Reihenfolge dieser Anordnung wird durch das in der betriebswirtschaftlichen Theorie entstandene CRM-Life-Cycle-Modell bestimmt, das in dieser Form auch in der Praxis erfolgreich angewandt wird.

Die Marketing- und Vertriebsfunktionen eines Unternehmens sorgen in der Pre-Sales- und der darauf folgenden Sales-Phase für den Eintritt eines Kunden in das CRM-Life-Cycle-Modell; auf der Kundenseite entstehen Erwartungen an das Unternehmen. Das Fulfillment setzt diese Kundenerwartungen in Leistungen um. Schließlich be-

[8] Vgl. Wirtz (2001), S. 498 ff.

[9] Vgl. Gadatsch (2002), S. 237.

treut der Service den Kunden in der After-Sales-Phase. Zur Stützung der Unternehmensfunktionen werden die Kundendaten während des gesamten CRM-Life-Cycles systematisch eingesetzt und über Rückkopplungsprozesse kontinuierlich aktualisiert.

Zur Unterstützung der Marketing-, Vertriebs- und Serviceprozesse bietet der Markt eine nahezu unüberschaubare Anzahl an CRM-Softwareprodukten an. CRM-Systeme sind als die konsequente Weiterentwicklung der Computer-Aided-Selling- (CAS) und Sales-Force-Automation-Systeme (SFA), die es bereits seit den frühen 1980er Jahren gibt, zu verstehen. Im Gegensatz zu CAS- und SFA-Systemen, die nur Teilfunktionen im CRM-Life-Cycle unterstützen, bieten CRM-Systeme umfassende Funktionalitäten für die Unterstützung des gesamten Kundenlebenszyklus.

CRM-Systeme werden in der Praxis häufig auch als Front-Office-Applikationen bezeichnet, da sie der Optimierung von Geschäftsprozessen mit direktem Kundenkontakt dienen. In der Regel werden die über das CRM-System gesammelten Kundendaten zur zielgerichteten Weiterverarbeitung an ein ERP-System im Back-Office weitergeleitet. Im ERP-System sind sämtliche Kunden- und Produktdaten gespeichert; bei Bedarf können Sie über das CRM-System abgerufen werden.[10]

Wie bereits erwähnt, bietet der Markt CRM-Produkte, die insbesondere für den Einsatz in mittelständischen Unternehmen geeignet sind. Zum Teil handelt es sich dabei um Spezialanbieter, aber auch viele Hersteller von ERP-Systemen haben CRM-Funktionen in ihre Produkte integriert. Die ERP-Marktübersicht am Ende dieses Buches zeigt, um welche Produkte es sich dabei handelt.

Obwohl der Einsatz von CRM-Systemen ein enormes Potenzial zur Umsatz- und Gewinnsteigerung sowie zur Geschäftsprozessoptimierung in sich birgt, hat laut einer Studie der Meta Group aus dem Jahr 2002 nur jedes zehnte Unternehmen in Deutschland ein CRM-System eingeführt. Rund die Hälfte der Unternehmen hat die Implementierung bislang auch nicht geplant. Dagegen haben zwei Prozent der Betriebe laufende CRM-Projekte abgebrochen.

---

[10] Vgl. Gadatsch (2002), S. 236 ff.

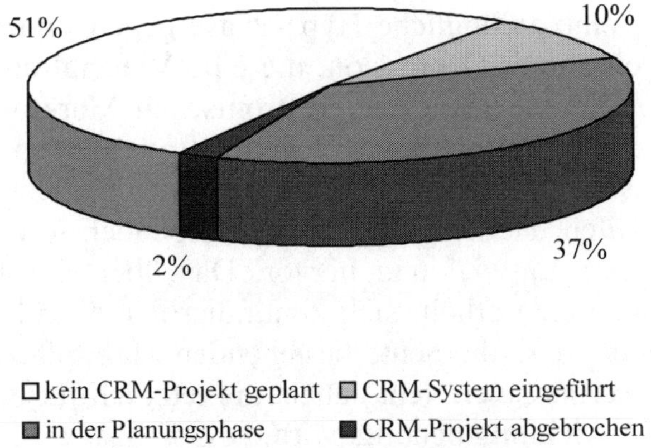

Abb. 18. Status von CRM-Projekten in deutschen Unternehmen[11]

Vor dem Hintergrund des relativ niedrigen CRM-Einsatzgrades ist der Anteil der gescheiterten Projekte als sehr hoch einzustufen.

Aufgrund der hohen Komplexität der meisten Softwareprodukte findet ein idealtypisches CRM bisher in den wenigsten Unternehmen Anwendung. Neben den technischen Herausforderungen verlangt CRM vor allem eine konsequent praktizierte Kundenorientierung, wodurch in vielen Unternehmen ein Wandel der Unternehmenskultur erforderlich wird. Es ist davon auszugehen, dass etwa drei Viertel der kleinen und mittelständischen Unternehmen noch keine klare CRM-Strategie für sich definiert haben.[12]

Die Abkehr von einer rein funktional hin zu einer prozessorientierten und kundenzentrierten Organisationsstruktur bildet die Basis für die erfolgreiche Umsetzung von CRM-Projekten. In dieser Hinsicht ist der Handlungsbedarf im Mittelstand nach wie vor hoch.

[11] Vgl. Meta Group (2002a), S. 8.
[12] Vgl. Gartner (2002c), S. 2.

2.5 Electronic Markets

Der E-Markets-Bereich gilt als das jüngste Segment des E-Business-Marktes. Auf eine anfängliche Hype-Phase gegen Ende der 1990er Jahre folgte eine tiefe Depression, die eine Vielzahl an Pleiten mit sich brachte. Die Mehrheit der elektronischen Marktplätze konnte die zum damaligen Zeitpunkt überzogenen Erwartungen im Hinblick auf Effizienzsteigerungen und Kosteinsparungen nicht einmal ansatzweise erfüllen. Heute gehen die überlebenden Marktplätze gestärkt aus dieser Entwicklung hervor. Das über sie abgewickelte Trabsaktionsvolumen erhöht sich kontinuierlich. Man kann deshalb davon ausgehen, dass die heute bestehenden Marktplätze eine kritische Teilnehmermasse erreicht haben, die letztlich für eine nachhaltig positive Entwicklung benötigt wird.

Zu Beginn der Marktplatzära gingen viele Analysten und Branchenbeobachter fälschlicher Weise davon aus, dass E-Markets den Geschäftsverkehr zwischen Unternehmen revolutionieren würden. Geschäftsbeziehungen würden sich flexibel und weltweit anbahnen, selbst das kleinste Unternehmen würde am globalen Weltmarkt per Mausklick partizipieren können. Diese Annahme hat sich in keiner Weise bestätigt. Business-to-Business-Beziehungen sind in den meisten Fällen über viele Jahre hinweg gewachsene geschäftliche Partnerschaften. Die Einführung und Nutzung von E-Markets hat diese Beziehungen nicht auf den Kopf gestellt und zu einer völlig neuen Geschäftsanbahnung und -abwicklung geführt, auch wenn sich dies der ein oder andere Marktplatzbetreiber gewünscht hätte.

Heute dienen E-Markets hauptsächlich als technische Transaktionsplattformen, auf deren Basis Unternehmen bestehende Geschäftsbeziehungen abbilden. Dazu gehört beispielsweise der Austausch von Dokumenten wie Angeboten, Bestellungen und Rechnungen. Quasi als Informationsdrehscheibe ermöglichen E-Markets die Kommunikation zwischen Unternehmen, auch wenn diese unterschiedliche Formate, etwa E-Mail und EDI (Electronic Data Interchange), einsetzen. So reduzieren E-Markets die Anzahl der Medienbrüche innerhalb einer Wertschöpfungskette, was letztlich zu einer Steigerung der Geschäftsprozesseffizienz führt.

2.5.1 E-Markets-Begriff und -Markt

Unter E-Markets werden die mit Hilfe moderner Informations- und Kommunikationstechnologie realisierten Marktplätze verstanden, die den Austausch von Gütern und Dienstleistungen zwischen einer Vielzahl von Anbietern und Nachfragern in einzelnen oder sämtlichen Phasen einer Transaktion unterstützen. Diese Transaktionen werden in der Regel in eine Informationsphase, eine Vereinbarungsphase und eine Abwicklungsphase aufgeteilt.

In der ersten Phase der Markttransaktion werden Informationen über potenzielle Anbieter und Nachfrager, Produktspezifikationen, Preise und Konditionen ermittelt. In der Vereinbarungsphase finden Verhandlungen zwischen Anbietern und Nachfragern statt. Diese zweite Phase kann mit einem positiven Vertragsabschluss enden, wobei der Kontrakt so auszugestalten ist, dass er Käufer und Verkäufer, Produkt, Preis und Konditionen der Transaktion eindeutig identifiziert. Schließlich kommt es in der Abwicklungsphase zur Erfüllung des vereinbarten Vertrages.[1]

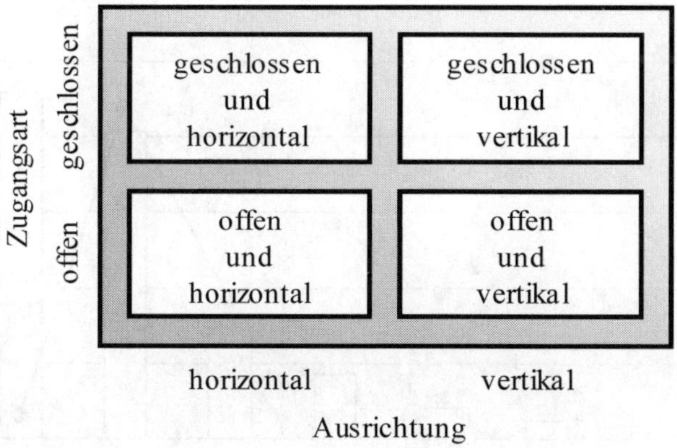

Abb. 19. Systematisierung von E-Markets[2]

Es gibt prinzipiell vier unterschiedliche Ausprägungen von E-Markets, die im Hinblick auf ihre Ausrichtung und die Form des Zugangs differenziert werden können. Horizontale Marktplätze ver-

[1] Vgl. Busch/Lange/Langemann (2002), S. 32.
[2] Vgl. Kleineicken (2002).

fügen über ein branchenübergreifendes und meist heterogenes Angebot an Gütern und Dienstleistungen. Vertikale Marktplätze beschränken sich dagegen auf den Bedarf einer oder weniger Branchen. Dadurch ist ihr Angebot in der Regel homogener als das der horizontalen Marktplätze. Ein weiteres Differenzierungsmerkmal ist die Form des Zugangs für anbietende und nachfragende Unternehmen. Bei offenen Marktplätze steht der Zugang zu den Gütern und Dienstleistungen grundsätzlich allen potenziellen Teilnehmern uneingeschränkt zur Verfügung. Dagegen wird bei geschlossenen Marktplätzen der Kreis der Anbieter und Nachfrager eingeschränkt, meist aufgrund unternehmenspolitischer Gründe.[3]

Seit Mitte der 1990er Jahre hat sich die Anzahl der elektronischen Marktplätze vervielfacht. Laut Berlecon Research wuchs allein in Deutschland die Anzahl der aktiven E-Markets zwischen 1996 und 2001 im Durchschnitt um mehr als 100 Prozent jährlich. Als problematisch ist demgegenüber die Ertragssituation der elektronischen Marktplätze einzustufen; nur jeder zehnte Marktplatz arbeitete im Jahr 2001 profitabel.

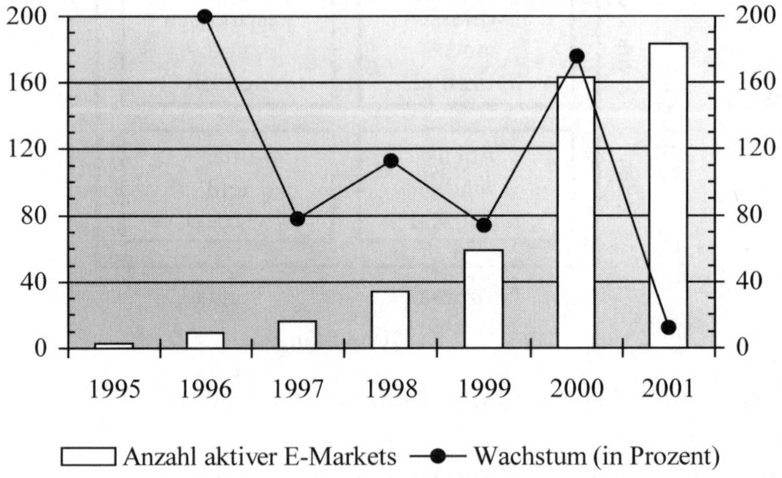

Abb. 20. Entwicklung von E-Markets in Deutschland[4]

[3] Vgl. Kleineicken (2002).
[4] Vgl. Berlecon Research (2001), S. 3.

Als das am schnellsten wachsende Einsatzfeld elektronischer Marktplätze gilt die Automobilbranche. Langfristig soll hier der Anteil des über E-Markets abgewickelten Handelsvolumens am Gesamthandel bei 13 Prozent liegen. Dies entspräche etwa der Hälfte des auf lange Sicht prognostizierten Online-Handelsvolumens.[5] Geringe Chancen auf Erfolg haben in der Automobilbranche allerdings die unabhängigen Marktplatzbetreibermodelle. Vielmehr werden E-Market-Betreiberkonsortien, die sich aus Automobilherstellern, aber auch aus Großunternehmen der Zulieferindustrie zusammensetzen, die größten Erfolgsaussichten eingeräumt. Als Beispiele seien hier die beiden Marktplätze Covisint, ein Joint Venture von DaimlerChrysler, Ford, General Motors, Renault-Nissan und PSA Peugeot Citroen, sowie SupplyOn, hinter dem sich ein Konsortium aus Robert Bosch, Continental, INA Holding Schaeffler, ZF Friedrichshafen und Siemens VDO verbirgt, genannt.

2.5.2 Marktmechanismen und Integrationsmodelle

Auf E-Markets werden ein oder mehrere Transaktionsmechanismen angeboten, die von der Ausrichtung und der Zugangsart des jeweiligen Marktplatzes unabhängig sind. Pro Transaktion kann ein Unternehmen immer nur einen der angebotenen Mechanismen anwenden. Im wesentlichen wird zwischen den folgenden drei transaktionsorientierten Marktmechanismen unterschieden:

- elektronische Produktkataloge,
- Ausschreibungen,
- Auktionen.[6]

Bei der ersten Variante werden die angebotenen Güter oder Dienstleistungen in einem standardisierten elektronischen Katalog zusammengefasst. Dieser Katalog bietet in der Regel die Möglichkeit, Produkte nach unterschiedlichen Kriterien wie Kategorie, Preis oder Anbieter zu sortieren. Dadurch erhöht sich die Transparenz für die Nachfrager, die so die Eigenschaften der Produkte verschiedener Anbieter, zum Beispiel über den Preis, direkt miteinander verglei-

---

[5] Vgl. PricewaterhouseCoopers Unternehmensberatung (2002), S. 39.
[6] Vgl. Kleineicken (2002).

chen können. Die Anbieter haben wiederum die Möglichkeit, ihr Produktangebot in Abhängigkeit des nachfragenden Unternehmens zu gestalten, zum Beispiel durch eine individuelle Preispolitik.[7]

Im Rahmen von Ausschreibungen, die auch als Reverse Auctions bezeichnet werden, äußern nachfragende Unternehmen Bedarf an einem Gut oder einer Dienstleistung und fordern einen oder mehrere Anbieter auf, innerhalb einer bestimmten Zeitperiode Angebote abzugeben. In der Regel findet bei dieser Methode eine Anbietervorauswahl statt, um nicht erwünschte Lieferanten im Vorfeld der Ausschreibung auszuschließen. Im Verlauf der Ausschreibung werden die teilnehmenden Anbieter über das jeweils aktuelle Preisangebot, also den niedrigsten Preis, informiert, wobei der Name des Anbieters in der Regel nicht bekannt gegeben wird. *Da sich bei Reverse Auctions im Endstadium die Transaktionsentscheidung nur auf die Preiskomponente beschränkt, ist der Druck auf den Lieferanten extrem.*[8]

Bei Auktionen findet eine Versteigerung eines Gutes oder einer Dienstleistung unter Anwendung eines dynamischen Preisfindungsprozesses statt. Der Preisfindungsprozess ist in der Regel zeitlich begrenzt; am Ende der Zeitperiode erhält der höchstbietende Nachfrager den Zuschlag und damit den Anspruch auf Erfüllung der Leistung durch den Anbieter. Wie bei der Ausschreibungsmethode kann auch bei Auktionen eine Vorauswahl getätigt werden, durch die der Anbieter bestimmte Marktplatzteilnehmer aus der Auktion ausschließt.[9]

Neben den potenziellen Kosteneinsparungen durch Markttransparenz und Prozessoptimierung liegt der größte Vorteil der elektronischen Marktplätze in der Möglichkeit zur technischen Integration einer Vielzahl von Unternehmen auf Basis einer gemeinsamen Plattform. Wollen Unternehmen beispielsweise Daten oder Geschäftsdokumente untereinander austauschen, die in ERP-Systemen hinterlegt sind, müssen sie sich nicht mehr auf individuelle Anpassungen einigen.

---

[7] Vgl. Röhricht/Schlögel (2001), S. 204.
[8] Schmitz (2002b).
[9] Vgl. Wirtz (2001), S. 333.

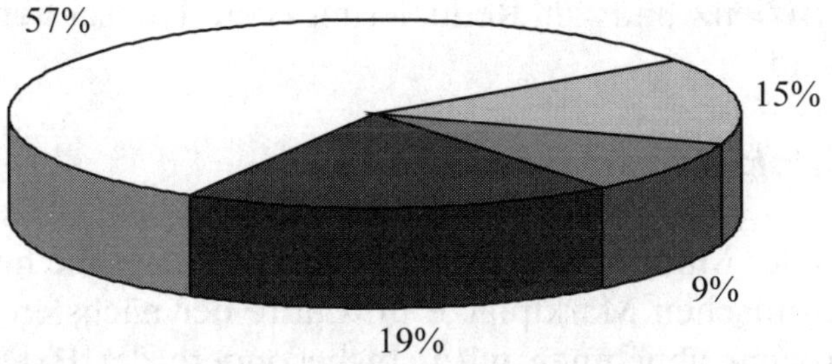

Abb. 21. Möglichkeit zur ERP-Integration[10]

Durch die Anbindung der ERP-Systeme an einen E-Market können im Idealfall alle Marktplatzmitglieder auf Basis eines gemeinsamen Standards miteinander kommunizieren.[11]

Im Jahr 2002 wurde allerdings nur von 19 Prozent der elektronischen Marktplätze die Möglichkeit zur Integration von ERP-Systemen standardmäßig angeboten, so das Ergebnis einer Untersuchung der PricewaterhouseCoopers Unternehmensberatung (heute IBM Business Consulting Services). Etwa jeder zehnte E-Market unterstützte die ERP-Anbindung über spezielle Schnittstellenlösungen; 15 Prozent der Plattformen gingen davon aus, im Bedarfsfall eine solche Anbindung realisieren zu können. Dagegen bestand bei mehr als der Hälfte keine Möglichkeit, die ERP-Systeme der Marktteilnehmer zu integrieren.

Kritisch ist anzumerken, dass durch die Einführung elektronischer Marktplätze keinesfalls die Integration sämtlicher unternehmensinterner Systeme auf Basis einer einzigen Plattform erreicht werden kann. Es soll lediglich verdeutlicht werden, dass es eines der Kernelemente eines E-Markets ist, unternehmensübergreifende Prozesse

[10] Vgl. PricewaterhouseCoopers Unternehmensberatung (2002), S. 31.
[11] Vgl. Quicken (2001).

transparent und einheitlich abzubilden. Für die zukünftige Entwicklung des E-Markets-Segmentes dürfte dieser Bereich besonders wichtig sein, da hier große Potenziale zur Steigerung der Geschäftsprozesseffizienz und zur Reduzierung von Transaktionskosten vorhanden sind.

2.5.3 Erfolgskritische Faktoren

Das Gros der Marktforscher geht davon aus, dass die heutige Anzahl der elektronischen Marktplätze im Laufe der nächsten Jahre um bis zu 80 Prozent abnehmen wird. Insbesondere der Bereich der horizontalen, öffentlichen Marktplätze dürfte stark unter Druck geraten. Diese Marktplätze werden in der Regel von einem unabhängigen Betreiber initiiert und errichtet. Überwiegend setzt sich die Summe der Einnahmen aus Transaktionsgebühren zusammen, wodurch die Betreiber auf eine Mindestanzahl an Transaktionen und damit auf eine kritische Masse an Teilnehmern angewiesen sind. *Unabhängige Betreiber können in der Regel nur dann eine kritische Masse an Teilnehmern und damit ein ausreichend hohes Transaktionsvolumen auf sich vereinen, wenn sie ein führendes Unternehmen der Branche integrieren.*[12]

Es zeigt sich ein deutlicher Trend zur Herausbildung vertikaler, geschlossener Marktplätze, die meist von führenden Unternehmen einer Branche in Form eines Betreiberkonsortiums oder eines Joint Ventures errichtet werden. Auf diesen Marktplätzen werden in der Regel bestehende, zum Teil über Jahre gewachsene, Leistungsaustauschbeziehungen zwischen Unternehmen abgebildet. Im Gegensatz zu horizontalen, offenen Marktplätzen finden auf vertikalen, geschlossenen E-Markets auch Transaktionen statt, die die Kernkompetenz der Anbieter und Nachfrager betreffen.[13] Diese Transaktionen hängen wesentlich mit der Wertschöpfung der Unternehmen zusammen.

Beispielsweise nutzten im Jahr 2002 bereits etwa zwei Drittel der deutschen Automobilzulieferer E-Markets zur Beschaffung indirekter Güter, so das Ergebnis einer IBM-Studie. Dagegen kauften nur

---

[12] Deutsche Bank Research (2001), S. 6.

[13] Vgl. PricewaterhouseCoopers Unternehmensberatung (2002), S. 39.

30 Prozent der Unternehmen direkte Güter über elektronische Marktplätze ein. Im Jahr 2004 soll diese Zahl stark anwachsen, so dass dann mehr als 90 Prozent der deutschen Automobilzulieferer direkte und alle Unternehmen (100 Prozent) indirekte Güter über E-Markets beschaffen werden.

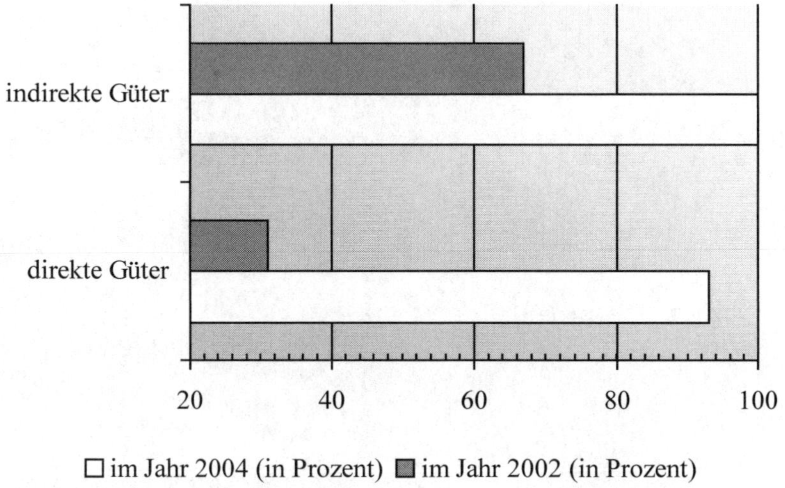

Abb. 22. E-Markets-Nutzung zur elektronischen Beschaffung[14]

Abschließend bleibt festzuhalten, dass einhergehend mit dem Entstehen vertikaler, geschlossener Marktplätze die Bereitschaft der Unternehmen steigt, auch kritische Geschäftsprozesse, die die eigenen Kernkompetenzen betreffen, über elektronische Marktplätze abzuwickeln. Gerade in der Automobilindustrie, in der die effiziente Ausführung unternehmensübergreifender Geschäftsprozesse zwischen Lieferanten und Herstellern zum strategischen Erfolgsfaktor wird, ist ein enormes Einsatzpotenzial für E-Markets gegeben.

---

[14] Vgl. IBM Unternehmensberatung (2002), S. 14.

3 E-Business-Strategien und -Technik

Strategische und technische Aspekte der digitalen Abbildung von Geschäftsprozessen auf Basis moderner Informations- und Kommunikationstechnologie haben massiven Einfluss auf die Umsetzung von E-Business-Projekten in der unternehmerischen Praxis. So existieren eine Reihe kollaborativer E-Business-Konzepten, die sich im Laufe der vergangenen zwei Jahrezehnte in verschiedenen Branchen etabliert haben und dort heute Anwendung finden.

Bei der Umsetzung von E-Business-Projekten sind diese Konzepte zu berücksichtigen und frühzeitig in die Planung zu integrieren. Nur so lässt sich nach Projektabschluss die reibungslose Nutzung der eingeführten Anwendungen, die bereits in Kapitel 2 vorgestellt wurden, sicherstellen. Ebenso sind technische Entwicklungen, etwa die viel diskutierte Ablösung der EDI-Standards durch XML, einzubeziehen. Nur E-Business-Systeme, die auf zukunftsorientierten Architekturen basieren und moderne Technologien unterstützen, garantieren einen langfristigen Schutz der getätigten Investitionen.

Da in mittelständischen Unternehmen das dazu benötigte Know-how nicht immer vorhanden ist, sollte im Bedarfsfall ein qualifizierter Dienstleister zu Rate gezogen werden. Fehlentscheidungen, die bereits in frühen Projektphasen getroffene werden, zeigen in der Regel erst nach Projektabschluss den gesamten Umfang ihrer Auswirkungen – nicht selten erweisen sich diese dann als umso gravierender. Hier sollte besser nicht an der falschen Stelle gespart werden.

3.1 Kollaborative E-Business-Konzepte

Mit kollaborativen E-Business-Konzepten soll die Kooperation zwischen Zulieferern, Herstellern und Handel entlang der gesamten Wertschöpfungskette verbessert werden. Insofern haben praxiserprobte und Ansätze wie Just-in-Time (JIT), Efficient Consumer Response (ECR) und Collaborative Planning, Forecasting & Replenishment (CPFR) auch auf mittelständische Unternehmen nahezu aller Branchen und Unternehmensgrößen massiven Einfluss. Im Idealfall lassen sich durch die auf Vertrauen und Transparenz basierende Zusammenarbeit Angebot und Nachfrage zeitnah aufeinander abstimmen – und zwar auf allen Wertschöpfungsstufen. Letztlich führt dies zu einer Reduzierung von Beständen und gleichzeitig zur Vermeidung von Fehlbeständen entlang der gesamten Supply Chain.

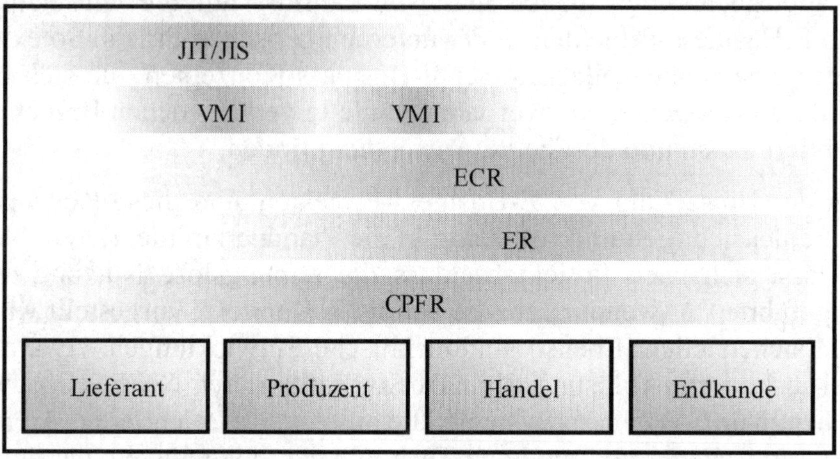

Abb. 1. Einsatzbereiche kollaborativer Konzepte[1]

Der Nutzen kollaborativer E-Business-Konzepte stellt sich für den Mittelstand letztlich aber nur dann ein, wenn er seinerseits die organisatorischen, technischen und strategischen Voraussetzungen dafür geschaffen hat. Andernfalls werden große Hersteller und Handelsorganisationen ihre Geschäftsprozesse auf Kosten schwächerer vorgelagerter Wertschöpfungsstufen flexibilisieren und allein vom Einsatz kollaborativer E-Business-Konzepte profitieren.

3.1.1 Just-in-Time und Just-in-Sequence

Wie bereits in Kapitel 1.2.4 vorgestellt, zeichnet sich in der Automobilindustrie ein Strukturwandel ab, der sich in besonderem Maße in der sinkenden Fertigungstiefe der Hersteller bemerkbar macht. Wertschöpfende Tätigkeiten in den Bereichen Fertigung sowie Forschung und Entwicklung werden verstärkt auf Systemlieferanten der

[1] Vgl. Busch/Lange/Langemann (2002), S. 25.

mittelständischen Zulieferindustrie übertragen. So ist der Wertschöpfungsanteil der Automobilhersteller auf bis zu 30 Prozent gesunken, während den Unternehmen der Zulieferindustrie neue Aufgaben und Verantwortungsbereiche übertragen werden.

Die stärkere Integration der Zulieferer in den Wertschöpfungsprozess führt zur Etablierung langfristig angelegter Partnerschaften zwischen Automobilherstellern und einzelnen Systemlieferanten. Um den unternehmensübergreifenden Material- und Informationsfluss zwischen Herstellern und Zulieferern abzustimmen, wurden verschiedene prozessgetriebene, kollaborative Konzepte entwickelt, die die zeit- und kostenoptimale Gestaltung der Wertschöpfungskette zum Ziel haben.

Das Just-in-Time (JIT)-Konzept findet in der Serienfertigung und insbesondere in der Automobilindustrie Anwendung. Es beschränkt sich auf die Kooperation von Partnern zweier nachgelagerter Wertschöpfungsstufen; in der Regel ist dies die Kooperation von Lieferant und Hersteller. JIT soll die Materialbeschaffung in der geforderten Menge und Qualität mit dem Bedarfszeitpunkt in der Produktion synchronisieren. Dabei wird das benötigte Material zum benötigten Zeitpunkt direkt in die Produktion mit dem Ziel geliefert, die Lagerbestände an Vorprodukten für die Produktion zu vermeiden beziehungsweise diese so weit wie möglich zu minimieren.[2]

Die Steuerung der Produktion funktioniert bei JIT in der Regel nach dem Kanban-Prinzip, das auch als Pull- oder Holprinzip bezeichnet wird. Eine Belieferung der Produktion wird nur dann angestoßen, wenn ein tatsächlicher Bedarf vorliegt. Als Hilfsmittel dienen Behälter, die Informationen über Material, Abnehmer, Bestellmenge und Transportart besitzen. Ist ein bestimmter Meldebestand erreicht, wird ein Lieferabruf ausgelöst, und die in der Produktion vorgelagerte Stelle, zum Beispiel ein Systemlieferant, beginnt mit der Belieferung des benötigten Materials. Da der Lieferabruf im Prinzip von den Bedarfsträgern ausgelöst wird, wird bei Kanban auch von einem dezentralen Steuerungsverfahren auf Basis selbst steuernder Regelkreise gesprochen.[3]

---

[2] Vgl. Busch/Lange/Langemann (2002), S. 15 ff.

[3] Vgl. Gerber (2002).

Die Optimierungspotenziale des JIT-Konzeptes liegen insbesondere in der Reduzierung von Bestands- und Lagerkosten. Hier besteht allerdings die Gefahr der Verlagerung von Beständen auf vorgeschaltete Wertschöpfungsstufen, zum Beispiel externe Systemlieferanten, so dass JIT nicht zwingend zu einer tatsächlichen Bestandsreduzierung entlang der gesamten Wertschöpfungskette führt. Außerdem führt die Anwendung des JIT-Konzeptes in der Regel zu höheren Transportkosten, da die Anzahl der Belieferungen steigt, die jeweils angelieferten Mengen aber abnehmen. Hiermit können überdies höhere ökologische Belastungen verbunden sein.[4]

Das Just-in-Sequence (JIS)- ist mit dem JIT-Konzept prinzipiell identisch. Sowohl bei JIT als auch bei JIS erfolgt die Bereitstellung des geforderten Materials produktionssynchron. Allerdings wird bei JIS das Material von den Zulieferern in Sequenz gefertigt und anschließend taktgenau in die Produktion geliefert, während bei JIT bisweilen von einer *Verlagerung des Lagers auf die Straße* gesprochen wird.[5]

3.1.2 Vendor Managed Inventory

Vendor Managed Inventory (VMI) bezeichnet ein Konzept, bei dem der Zulieferer das Management des Material- und Warenbestands des in der Supply Chain nachgelagerten Unternehmens übernimmt. Der Lieferant trägt bei der Anwendung des VMI-Konzeptes die Verantwortung für den Lagerbestand seines Kunden. Dadurch eröffnen sich ihm Rationalisierungsmöglichkeiten im Hinblick auf die Optimierung von Lieferzeitpunkten und Liefermengen.

VMI weist einige Parallelen zum Efficient-Replenishment (ER)-Konzept auf. ER findet im Gegensatz zu VMI, das branchenübergreifend eingesetzt werden kann, in erster Linie im Handel Anwendung. Die Basisdaten für VMI bilden die Lagerbestandsdaten des Kunden, während ER auf den Abverkaufszahlen, die am Point-of-Sale (POS) ermittelt werden, basiert.

---

[4] Vgl. Werner (2002b), S. 103.
[5] Vgl. Lang (2002a).

Bei VMI vereinbaren die beide beteiligten Unternehmen eine bestimmte Lagerbestandshöhe, die jederzeit gewährleistet sein muss. Über die Lieferzeitpunkte und Liefermengen kann der Lieferant in der Regel aber frei entscheiden.[6] Dadurch eröffnen sich ihm Potenziale zur Produktions- und Belieferungsoptimierung.

Die Voraussetzung für VMI ist der kontinuierliche Informationsaustausch zwischen beiden Partner, so dass der Lieferant permanent über den Lagerbestand seines Kunden informiert ist. Aufgrund der übermittelten Informationen erstellt der Lieferant selbstständig eine Verbrauchsprognose, ermittelt Lieferzeitpunkte und -mengen, beginnt mit der Produktion der benötigten Güter und füllt schließlich die Bestände des Kunden auf.[7]

Konzept	Prognose	Bestellung	Lagerverwaltung	Bestandseigentum
JIT/JIS	Kunde	Kunde	-	-
VMI	Lieferant	Lieferant	Lieferant	Lieferant
ECR/ER	Lieferant	Lieferant	Lieferant	Kunde
CPFR	beide	offen	offen	offen

Abb. 2. Verantwortungsbereiche in kollaborativen Konzepten[8]

Als größter Vorteil des VMI-Konzeptes ist die Reduzierung der Bestände bei gleichzeitiger Verringerung des Bestandsrisikos zu nennen. Die Lieferanten können zudem von einer effektiveren Produktionsplanung und einer erhöhten Planungssicherheit profitieren. In der Praxis scheiterten bisherige VMI-Ansätze allerdings häufig an dem erforderlichen Vertrauen, das die Partner dabei einbringen müssen.[9] Die erfolgreiche Umsetzung des VMI-Konzeptes setzt schließlich den Austausch geschäftskritischer Daten voraus. Auch wenn die technischen Voraussetzungen dafür vorhanden sind, fehlt in vielen Fällen die Bereitschaft der Unternehmen zur Übertragung von Lagerbestandsdaten an den Lieferanten.

---

[6] Vgl. Busch/Lange/Langemann (2002), S. 17.

[7] Vgl. Lang (2002b).

[8] Vgl. Alicke/Weitzmann (2002), S. 9 f.

[9] Vgl. Baumgarten/Darkow (2002).

3.1.3 Efficient Consumer Response

Das Konzept des Efficient Consumer Response (ECR) findet überwiegend im Handel und in der Konsumgüterindustrie Anwendung. Prinzipiell ist seine Einsatzmöglichkeit in anderen Branchen aber durchaus gegeben. Unsicherheit herrscht bisweilen über die Inhalte und Ziele von ECR. Weder aus theoretischer noch aus praktischer Sicht ist eine saubere Begriffsabgrenzung zu erkennen, so dass sich wenig konkrete Definitionen wie die folgende etabliert haben: *ECR ist eine gesamtunternehmensbezogene Vision, Strategie und Bündelung von Techniken, die im Rahmen einer partnerschaftlichen und auf Vertrauen basierenden Kooperation zwischen Hersteller und Handel darauf abzielen, Ineffizienzen entlang der Wertschöpfungskette unter Berücksichtigung der Endverbraucherbedürfnisse und der maximalen Kundenzufriedenheit zu beseitigen, um allen Beteiligten jeweils einen Nutzen zu stiften, der im Alleingang nicht zu erreichen gewesen wäre.*[10]

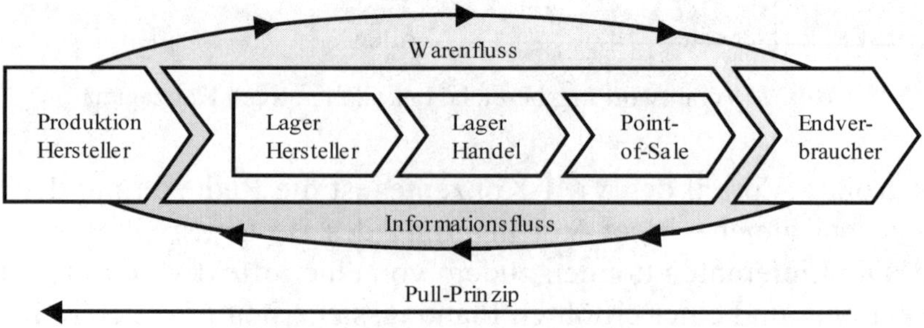

Abb. 3. Pull-Prinzip des ECR-Konzeptes im Handel[11]

Das ECR-Konzept orientiert sich am Pull-Prinzip. Die Basisinformation für den vorgelagerten Wertschöpfungsprozess bildet im Idealfall allein die Nachfrage des Endverbrauchers, die in Form von Abverkaufszahlen am Point-of-Sale (POS) ermittelt werden kann. Die technische Erfassung der POS-Daten findet beispielsweise im Handel an den Kassensystemen statt. Es gilt, die Erwartungen des Endkunden möglichst genau zu erfassen und weitestgehend zu be-

[10] Heusler (2002).
[11] Vgl. Heusler (2002).

friedigen. Die Voraussetzung dafür wird bei ECR in einer integrierten Wertschöpfungskette gesehen, in der durch den kontinuierlichen Informationsaustausch zwischen allen Wertschöpfungsstufen der Warenfluss optimal gestaltet werden kann.

Das ECR-Konzept setzt sich aus verschiedenen Modulen der Logistik und des Marketings zusammen. Eines der wichtigsten ECR-Module ist Efficient Replenishment (ER). Durch ER, das gelegentlich auch als Continuous Replenishment bezeichnet wird, soll eine kontinuierliche Belieferung des Lagers eines Unternehmens erreicht werden. Dadurch sollen – ähnlich wie beim Konzept des Vendor Managed Inventory (VMI) – punktuelle Großlieferungen vermieden werden. Im Unterschied zu VMI orientiert sich bei ER die Steuerung des Warenflusses an den aktuellen Abverkaufsdaten, die am POS erhoben werden.[12]

3.1.4 Collaborative Planning, Forecasting & Replenishment

Das Konzept des Collaborative Planning, Forecasting & Replenishment (CPFR) gilt als die Weiterentwicklung des ECR-Ansatzes. ECR ist zwar prinzipiell für den branchenübergreifenden Einsatz geeignet; jedoch wurden die meisten ECR-Projekte von Handelsunternehmen und der Konsumgüterindustrie initiiert und schließlich dominiert, wodurch ECR keine breite Akzeptanz in anderen Branchen gefunden hat. CPFR setzt auf eine gleichberechtigte Kooperation zwischen Industrie, Handel und Dienstleistern.[13]

Während die bisher beschriebenen Ansätze Just-in-Time, Vendor Managed Inventory und Efficient Replenishment immer nur Teilbereiche der Supply Chain abdecken, betrachtet das CPFR-Konzept die gesamte Wertschöpfungskette (s. Abb. 44). Die kooperative Planung und Prognose sowie das gemeinsame Management der Warenflüsse unter Einbeziehung aller Wertschöpfungsstufen soll dazu führen, dass im Idealfall sämtliche Wertschöpfungsaktivitäten auf Basis der tatsächlichen Kundenaufträge stattfinden. *Zentraler Punkt ist dabei das Erstellen einer möglichst genauen Bedarfsprognose durch ein Planungsteam, das aus Logistikern und Marketingmitarbeitern aus*

---

[12] Vgl. Busch/Lange/Langemann (2002), S. 17 f.

[13] Vgl. Baumgarten/Darkow (2002).

Industrie und Handel zusammengesetzt ist.[14] Diese Bedarfsprognose, die der Deckung des Endkundenbedarfs dient, muss kontinuierlich aktualisiert werden.

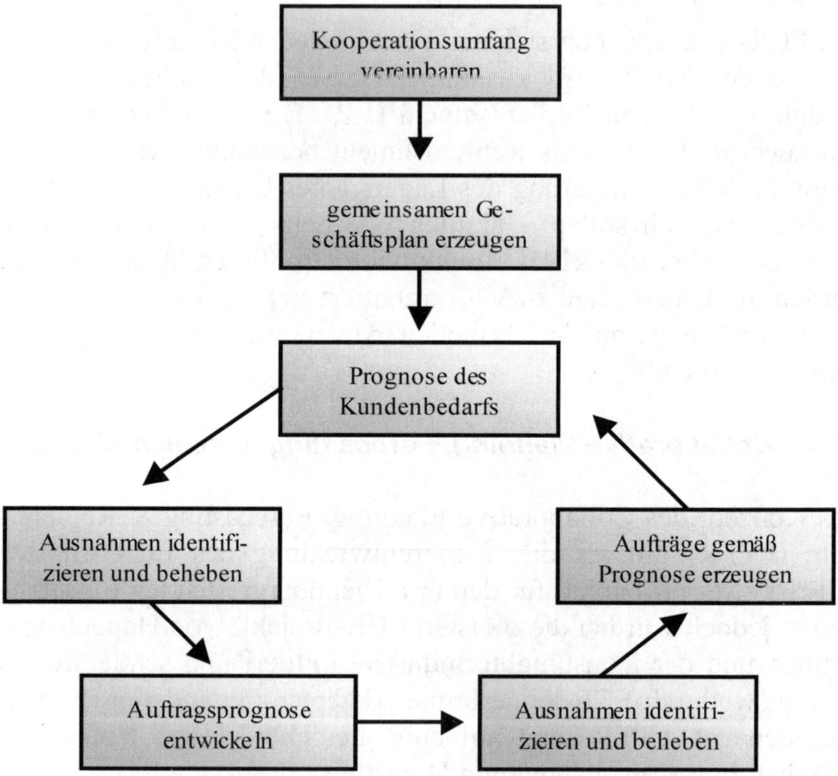

Abb. 4. Teilprozesse des CPFR-Konzeptes[15]

Im Gegensatz zum ECR-Konzept steht bei CPFR nicht allein der Austausch der relevanten Daten im Vordergrund; vielmehr geht es um eine Verbesserung der Datenqualität aufgrund des kooperativen Planungsprozesses. Über Rückkopplungsprozesse soll die Qualität der Daten, die letztlich der Planung zugrunde liegen, ständig überprüft und gegebenenfalls verbessert werden. Dadurch sollen sich erhebliche Optimierungspotenziale für alle Partner ergeben. Insbesondere sind die Zulieferer in der Lage, Soll- und Ist-Werte miteinander

[14] Lang (2002a).

[15] Vgl. Lang (2002a).

zu vergleichen und ihre Produktionspläne entsprechend anzupassen. Für den Handel ergibt sich beispielsweise eine verbesserte Warenverfügbarkeit, ohne vermehrt Lagerbestände aufbauen zu müssen.[16]

Wie bei allen kollaborativen E-Business-Konzepten ist auch für CPFR die vertrauensvolle und uneingeschränkte Zusammenarbeit der Partner eine unabdingbare Voraussetzung. Die größten Hindernisse für die Umsetzung von CPFR-Projekten sind in den unterschiedlichen Machtinteressen der Partner, der mangelnden Datenqualität und der nicht einheitlichen Verwendung von Informations- und Kommunikationsstandards zu sehen.[17]

---

[16] Vgl. Baumgarten/Darkow (2002).
[17] Vgl. Lang (2002a).

3.2 Technische Standards im E-Business

Beim Einsatz moderner Informations- und Kommunikationstechnologie zur Abbildung von Geschäftsprozessen sind eine Vielzahl technischer Standards und Entwicklungen zu berücksichtigen. Langfristig können nur E-Business Anwendungen, die neue Technologien unterstützen und auf einer zukunftsorientierten Architektur basieren, einen hohen Investitionsschutz gewährleisten.

An dieser Stelle werden zwei Themenbereiche aufgegriffen, die seit kurzer Zeit im Mittelpunkt der öffentlichen Diskussion über technologische Entwicklungen im E-Business stehen: die eventuell bevorstehende Ablösung der EDI-Standards durch XML sowie der Einsatz von Webservices für die unternehmensübergreifende Integration und Verknüpfung von Anwendungskomponenten.

3.2.1 Ablösung der EDI-Standards durch XML

Electronic Data Interchange (EDI) wird bereits seit Mitte der 1980er Jahre für den standardisierten elektronischen Austausch betriebswirtschaftlicher Daten zwischen Unternehmen eingesetzt. Eine klassische EDI-Lösung besteht zum einen aus einem Kommunikationssystem, über das die elektronische Datenübertragung im Sinne einer Punkt-zu-Punkt-Verbindung zwischen zwei Unternehmen realisiert wird. Die zweite Komponente ist ein Konvertierungssystem, das die betriebswirtschaftlichen Daten wie Auftrags-, Bestell- oder Rechnungsdaten in standardisierte Nachrichtenformate umwandelt.

Der hohe Standardisierungsgrad von EDI soll die medienbruchfreie Weiterverarbeitung der übertragenen Daten in den Systemen des Empfängers, in der Regel in ERP-Systemen, bei einem gleichzeitig hohen Automatisierungsgrad ermöglichen. Über standardisierte EDI-Formate kann der Datenaustausch zwischen heterogenen Systemen erfolgen.[1] Die Effizienz unternehmensübergreifender Geschäftsprozesse kann dadurch erhöht werden, was langfristig zu Einsparungen im Bereich der Transaktionskosten führt.

---

[1] Vgl. Nicolai (2002c).

Als international anerkannte Datenaustauschstandards haben sich unter anderem die Formate EDIFACT (Electronic Data Interchange for Administration, Commerce and Transport) für den branchenübergreifenden Einsatz und ODETTE (Organization for Data Exchange by Teletransmission in Europe) für die spezifische Anwendung in der Automobilindustrie weitgehend etabliert. Da allerdings die Standardisierung der EDI-Formate sehr zeitaufwendig war, haben einige Unternehmen, die nicht auf die Ergebnisse der Standardisierung warten wollten und über ausreichend Marktmacht verfügten, eigene EDI-Formate eingeführt, so dass inzwischen mehrere hundert solcher Formate existieren. In den meisten Fällen standen die Zulieferer dieser Unternehmen unter Zugzwang und mussten ebenfalls mit diesen Formaten arbeiten, wodurch in der Regel Zusatzkosten für Softwareanpassungen und die Anschaffung proprietärer EDI-Konverter entstanden sind.

Mit der Einführung der Extensible Markup Language (XML) zum Ende der 1990er Jahre wurden die zum Teil 20 Jahre alten EDI-Formate auf ihre Optimierungspotenziale untersucht. XML ist eine branchenübergreifende Metasprache für die Definition von Dokumententypen. Mit XML kann sowohl das Layout als auch die Struktur eines beliebigen Dokumententyps festgelegt werden. Prinzipiell eignet sich XML ähnlich wie EDI für den prozessorientierten Austausch betriebswirtschaftlicher Daten. *Ferner erhöht XML die Flexibilität bei der temporären Einbindung von kurzfristigen Geschäftspartnern und kleinen und mittelständischen Unternehmen, was mit EDI nicht gleichermaßen möglich ist.*[2]

Als designierter Nachfolger des EDIFACT-Standards wird ebXML (Electronic Business XML) gehandelt. ebXML soll eine Infrastruktur für den Austausch betriebswirtschaftlicher Daten definieren. Es besteht aus einer technischen Architektur sowie aus Prozess- und Datenmodellen für die eigentlichen Geschäftsprozesse. Während die technische Infrastruktur von ebXML weitgehend ausgearbeitet ist, wurden für die eigentlichen Nachrichtenformate bisher hauptsächlich Vorgehensweisen zu deren Identifizierung und Modellierung

---

[2] Nicolai (2002c).

definiert. Die Weiterentwicklung von ebXML baut auf anerkannten Datenaustauschformaten, insbesondere EDIFACT, auf.[3]

Wenngleich XML seine Anerkennung als Standard für den Austausch betriebswirtschaftlicher Daten noch sucht, ist doch davon auszugehen, dass standardisierte Dokumententypen auf XML-Basis EDI-Formate wie EDIFACT mittelfristig ergänzen und langfristig sogar ersetzen werden. Insbesondere die hohen Anschaffungs- und Betriebskosten, die mit der Datenübertragung über Punkt-zu-Punkt-Verbindungen verbunden sind, haben dazu geführt, dass klassische EDI-Lösungen primär in Großunternehmen mit hohen Transaktionsvolumina Anwendung finden. So wurde der elektronische Datenaustausch auf Basis klassischer EDI-Lösungen im Jahr 1999 von weniger als fünf Prozent der Industrieunternehmen genutzt.[4]

Der Datenaustausch auf XML-Basis über das Internet kann wesentlich kostengünstiger realisiert werden und bietet umfassende Anwendungspotenziale für kleine und mittelständische Unternehmen; die Kosten für die Einrichtung und den Betrieb von Punkt-zu-Punkt-Verbindungen entfallen. Als Treiber der zukünftigen Entwicklung sind insbesondere die Standardisierungsbemühungen weltweit anerkannter Organisationen zu nennen. Beispielsweise wird der Quasistandard ebXML von den Vereinten Nationen und Unternehmen wie Boeing, Deutsche Post, EADS, IBM, Microsoft, SAP und Visa voran getrieben. Auch der deutsche Verband der Automobilindustrie hat im Jahr 2001 einen Arbeitskreis zum Thema XML eingerichtet, in dem Empfehlungen für den Einsatz des Standards zum Datenaustausch erarbeitet werden sollen.[5]

3.2.2 Webservices auf Basis von .NET und J2EE

Webservices sind eine Technologie, mit der sowohl unternehmensinterne als auch unternehmensübergreifende Geschäftsprozesse auf Basis von XML-Standards miteinander verknüpft werden können. Die drei wichtigsten Standards in diesem Zusammenhang sind das Kommunikationsprotokoll SOAP (Simple Object Access Protocol),

[3] Vgl. Zwißler (2002), S. 213.
[4] Vgl. Schneider/Schnetkamp (2000), S. 76.
[5] Vgl. Verband der Automobilindustrie (2002), S. 67.

der Verzeichnisdienst UDDI (Universal Description, Discovery and Integration) und die Beschreibungssprache WSDL (Web Service Description Language).

Im Gegensatz zu herkömmlichen Integrationsansätzen werden beim Webservice-Konzept nur einzelne Funktionen aus bestehenden Anwendungssystemen extrahiert. Diese Funktionen greifen webbasiert auf unternehmensinterne oder unternehmensexterne Anwendungssysteme über standardisierte Schnittstellen zu. Dabei sind Webservices unabhängig von der zugrunde liegenden Technologie, insbesondere von der verwendeten Programmiersprache oder dem jeweiligen Betriebssystem. Durch die Verknüpfung lediglich einzelner Anwendungsfunktionen kann die aufwendige Integration vollständiger Anwendungssysteme vermieden werden.[6]

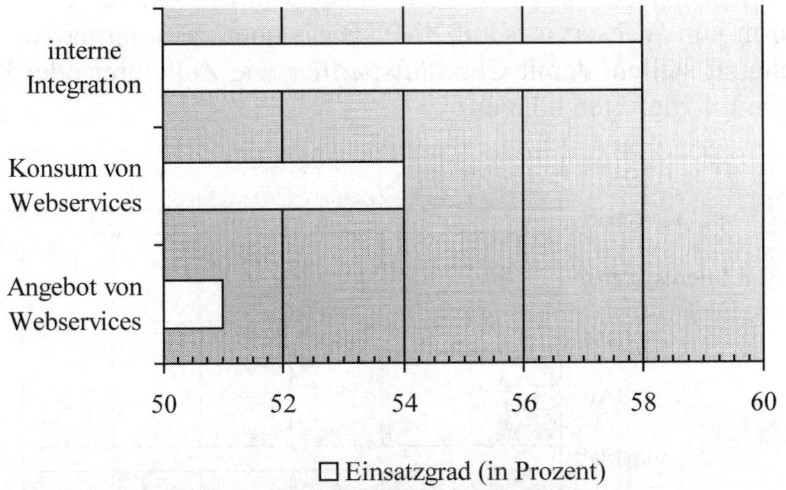

Abb. 5. Einsatzbereiche und Anwendungsmodelle von Webservices[7]

Laut einer Studie von Forrester Research wird die Mehrheit der europäischen Unternehmen (58 Prozent), die im Jahr 2003 in Webservices investiert haben, die Technologie zunächst für die Integration unternehmensinterner Geschäftsprozesse verwenden. Hierbei dürfte

[6] Vgl. Zwißler (2002), S. 190 ff.
[7] Vgl. Forrester Research (2002b), S. 4.

es sich zum überwiegenden Teil um Großunternehmen handeln, die über eine heterogene Systemlandschaft verfügen. Diese Unternehmen werden die Webservice-Technologie für die Verknüpfung ihrer unterschiedlichen Anwendungssysteme nutzen. 54 Prozent der Unternehmen werden die Webservice-Angebote anderer Unternehmen nutzen, während 51 Prozent auch eigene Webservices zur Verfügung stellen werden.

Insgesamt ist die Bereitschaft der Unternehmen, in Webservices zu investieren, bisher als gering zu bewerten. 66 Prozent der europäischen Unternehmen gaben laut Forrester Research im Jahr 2002 weniger als ein Prozent ihrer IT-Budgets für Webservices aus. Allerdings planen 84 Prozent der Unternehmen, ihre Ausgaben für Webservices in Zukunft deutlich zu steigern. Als die derzeit größte Barriere sind die Sicherheitsbedenken der Unternehmen zu nennen, geschäftskritische Daten, die zum Beispiel in ERP-Systemen lagern, in Form von Webservices auf XML-Basis über das Internet zur Verfügung zu stellen, damit Geschäftspartner wie Zulieferer oder Kunden darauf zugreifen können.

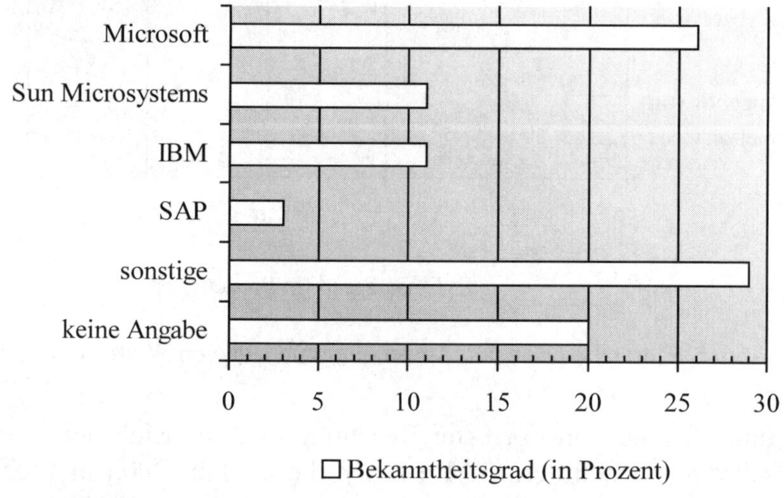

Abb. 6. Bekanntheit der Anbieter von Webservice-Technologie[8]

[8] Vgl. Cap Gemini Ernst & Young (2002b), S. 8.

Mit einem Bekanntheitsgrad von 24 Prozent ist Microsoft mit großem Abstand der bekannteste Anbieter von Webservice-Technologie in Deutschland, gefolgt von Sun Microsystems und IBM, die einen Bekanntheitsgrad von jeweils 11 Prozent erreichen. Insgesamt verbindet rund die Hälfte der deutschen Unternehmen einen dieser drei großen Softwarehersteller mit dem Begriff Webservices, so die Ergebnisse einer Untersuchung der Unternehmensbeartung Cap Gemini Ernst & Young aus dem Jahr 2002.

Als die am weitest verbreiteten Plattformen für die Entwicklung von Webservices und E-Business-Anwendungen im allgemeinen gelten .NET von Microsoft und Java von Sun Microsystems. Während Java bereits seit einigen Jahren als offener Standard im Markt etabliert ist, versucht Microsoft seit 2001, den proprietären .NET-Ansatz mit geballter Marketingkraft als führende Plattform zu etablieren. Laut Angaben von Microsoft ermöglicht .NET *die Entwicklung und Nutzung von XML-basierenden Anwendungen, Prozessen und Websites als Dienste, die darauf ausgelegt sind, Informationen und Funktionen gemeinsam zu nutzen und zu kombinieren, auf jeder Plattform und auf jedem Smart Device. Maßgeschneiderte Lösungen können für Organisationen ebenso wie für einzelne Benutzer bereitgestellt werden. Die .NET-Plattform bietet eine umfassende Sammlung von Produkten, mit denen für sämtliche Aspekte Webdienste bereitstehen, von der Entwicklung (Tools) über die Verwaltung (Server) und die Nutzung (modulare Dienste und intelligente Clients) bis zur eigentlichen Anwendererfahrung.*

Obwohl J2EE (Java 2 Enterprise Edition) derzeit noch als die populärere Plattform gilt, gehen Analysten davon aus, dass Microsoft mit .NET bis zum Jahr 2005 einen ebenso hohen Marktanteil wie Sun Microsystems mit J2EE erreichen wird. Beide Plattformen werden den Markt mit einem Anteil von jeweils rund 40 Prozent beherrschen. Der Grund hiefür ist insbesondere in der gegenüber Sun Microsystems stärkeren Marktposition von Microsoft zu sehen. Neben den für die Entwicklung von Webservices benötigten Werkzeugen und Programmiersprachen bietet Microsoft die verschiedenen Clients und Server sowie die Anwendungen für den Zugriff auf die Inhalte über das Internet.

3.3 Outsourcing

Der Outsourcing-Markt hat von der gesamtwirtschaftlichen Schwäche, die etwa zu Beginn des Jahres 2001 einsetzte, stark profitiert. Mit der Auslagerung von IT-Infrastruktur über den Betrieb von Applikationen bis hin zur Ausgliederung ganzer Geschäftsprozesse an externe Dienstleister können Unternehmen zum Teil erhebliche Kosteneinsparungen erzielen. In jedem Fall aber erhöht sich die Kostentransparenz, werden doch beim Outsourcing Fixkosten zu einem Großteil in variable Kosten umgewandelt.

Wer heute von IT-Outsourcing spricht, denkt oft nur an Prestige-Projekte, deren Volumen sich zum Teil auf mehrere Milliarden Euro beläuft. Als Beispiele seien hier folgende die Outsourcing-Projekte mit ihrem jeweiligen Volumen benannt:

- CSC und Royal Mail Group (2,4 Milliarden US-Dollar),
- IBM und Deutsche Bank (2,5 Milliarden Euro),
- Hewlett-Packard und Procter & Gamble (3 Milliarden US-Dollar) sowie
- EDS und Navy Marine Corps (6,9 Milliarden US-Dollar).

Berechtigter Weise stellt sich bei Projekten diesen Umfangs die Frage, ob eine plausible Return-on-Investment (ROI)-Berechnung überhaupt möglich ist. Zahlreiche Negativbeispiele untermauern die Zweifel an der Wirtschaftlichkeit solcher Projekte. Beispielsweise musste EDS das mit rund sieben Milliarden Dollar bewerteten Navy-Projekt neu bewerten, weil die Umsetzung nicht planmäßig verlief. Auch IBM und Deutsche Bank sind im Rahmen ihres Outsourcing-Projektes in Erklärungsnöte geraten. Bis dato ist nicht klar, wann der erwartete Nutzen in Form von Kosteneinsparungen eintreten wird.

Die Analysten von Gartner gehen sogar davon aus, dass langfristig jedes zweite Outsourcing-Projekt nicht den erwarteten Nutzen bringen wird, wobei sich diese Prognose vor allem auf große Outsourcing-Projekte bezieht, bei denen die gesamte IT-Abteilung mit Personal und Infrastruktur von einem externen Dienstleister übernommen wird. Bei dieser Form des Outsourcing sind mehrere schwer planbare Elemente in den Projekten enthalten, wodurch das Erfolgsrisiko erheblich steigt.

Deutlich geringere Risiken und klar messbare Einsparpotenziale bestehen in einem Outsourcing-Segment, in dem ein externer Dienstleister die Verantwortung für den Betrieb einer E-Business-Anwendung übernimmt. Bei dieser Form des Outsourcing, die als Application Hosting bezeichnet wird, lagert ein Unternehmen betriebswirtschaftliche Anwendungen, zum Beispiel für das Enterprise Resource Planning, Customer Relationship oder Supply Chain Management, an einen externen Dienstleister aus.

Dabei werden – anders als beim Application Service Providing (ASP) – unternehmensspezifische Anforderungen berücksichtigt. Unter anderem gilt das ASP-Modell wegen seines One-to-Many-Ansatzes als gescheitert. Dabei wird eine standardisierte Anwendung unterschiedlichen Unternehmen auf Mietbasis zur Verfügung gestellt – individuelle Anforderungen finden keine Berücksichtigung. Application Hosting verfolgt dagegen das One-to-One-Prinzip und bietet dadurch den Vorteil, individuelle Lösungen für ein Unternehmen anbieten zu können.

Laut einer Studie des F.A.Z.-Institutes und Mummert Consulting werden Unternehmen in Zukunft neben einzelnen E-Business-Anwendungen ganze Geschäftsprozesse auslagern. Bereits im Jahr 2003 belief sich das Volumen des europäischen Marktes für dieses so genannte Business Process Outsourcing (BPO) auf 200 Milliarden US-Dollar. Insbesondere in Bereichen wie im Personalwesen, die sich von Unternehmen zu Unternehmen nur unwesentlich unterscheiden, bietet sich das Auslagern von Geschäftsprozessen an.

Als Gründe für das Business Process Outsourcing nennen Unternehmen die Verbesserung der Kostenstruktur (59 Prozent) und eine Effizienzsteigerung durch die Konzentration auf Kernkompetenzen (42 Prozent).[1]

---

[1] Vgl. Montanus (2003c).

3.3.1 Strategische Ebenen des Outsourcing

Unter Outsourcing wird im allgemeinen die Auslagerung und – bezogen auf die Informations- und Kommunikationstechnologie – die teilweise oder vollständige Auslagerung der betrieblichen Datenverarbeitungsfunktionen an ein Dienstleistungsunternehmen verstanden. Der Dienstleister übernimmt dabei die Verantwortung für sämtliche Planungs-, Steuerungs- und Kontrollfunktionen, mindestens aber für bestimmte Teilbereiche.

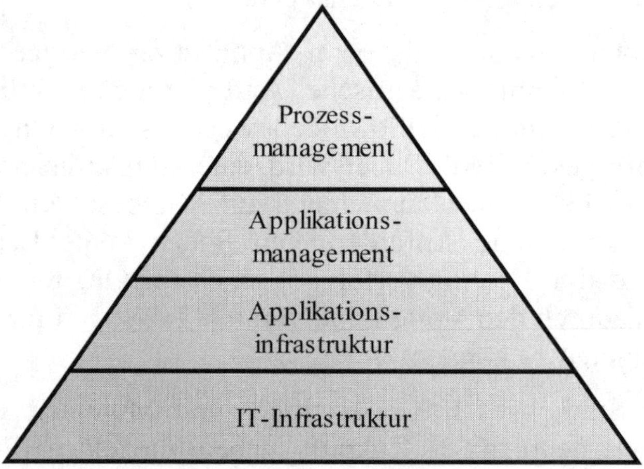

Abb. 7. Strategische Ebenen des Outsourcing[2]

Der Auslagerungsumfang hat eine hohe strategische Bedeutung für ein Unternehmen, so dass beim Outsourcing zwischen vier strategischen Ebenen unterschieden werden kann. Das IT-Infrastruktur-Outsourcing umfasst im wesentlichen den technischen Betrieb der Hardware durch einen externen Dienstleister. Beim Outsourcing der Applikationsinfrastruktur übernimmt ein Dienstleister zusätzlich zum technischen Betrieb Managementaufgaben wie die Administration und das Monitoring der Systemlandschaft oder das Durchführen von Upgrades oder Help-Desk-Dienstleistungen für die Anwender.

Das Applikationsmanagement-Outsourcing umfasst sowohl den Betrieb als auch das Management von betriebswirtschaftlichen Anwen-

[2] Vgl. Röhricht/Schlögel (2001), S. 251.

dungen oder E-Business-Applikationen durch einen externen Dienstleister. Der Dienstleister unterstützt dabei ein Unternehmen während des gesamten Einführungsprozesses, zum Beispiel mit Customizing-, Change-Management- und Schulungsleistungen.

Die geschäftskritischste Form des Outsourcing ist das Auslagern des Prozessmanagements, das auch als Business Process Outsourcing (BPO) bezeichnet wird. Hier werden vollständige Geschäftsprozesse mit allen dazugehörigen Funktionen und Aufgaben an einen Dienstleister gegeben. Der Dienstleister bestimmt selbst, welche Anwendungssysteme er für die Abwicklung der Geschäftsprozesse einsetzt; er übernimmt die volle Verantwortung für das Prozessdesign und die Durchführung der einzelnen Geschäftsprozessschritte.[3]

Die unter kleinen und mittelständischen Unternehmen in Deutschland am weitest verbreitete Variante des Business Process Outsourcing ist das Auslagern der Lohn- und Gehaltsabrechnung an die Datev-Genossenschaft.

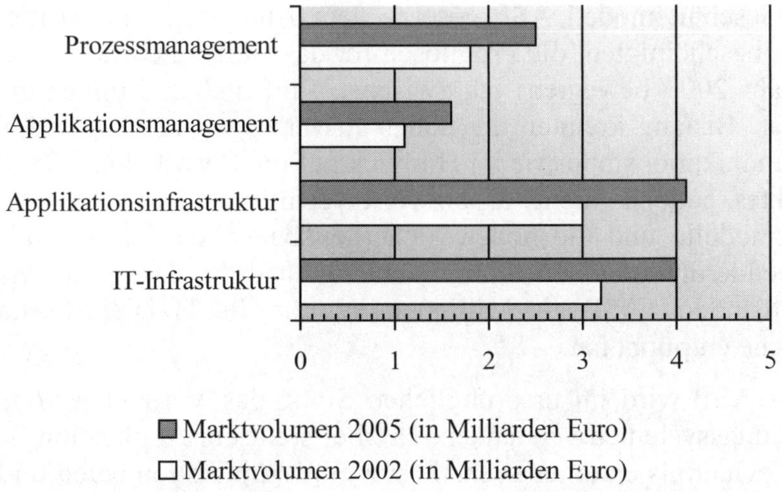

Abb. 8. Entwicklung des Outsourcing-Marktes in Deutschland[4]

[3] Vgl. Röhricht/Schlögel (2001), S. 250 f.
[4] Vgl. Meta Group (2002b).

Laut Meta Group soll der deutsche Markt für Outsourcing-Dienstleistungen bis zum Jahr 2005 bei einer durchschnittlichen Jahreswachstumsrate von 13 Prozent ein Volumen von 14,4 Milliarden Euro erreichen. Das Wachstum des klassischen IT-Infrastruktur-Outsourcing fällt zugunsten der anderen strategischen Outsourcing-Ebenen schwächer aus. Den stärksten Zuwachs werden dagegen die Bereiche des Applikations- und Prozessmanagement-Outsourcing verzeichnen.

3.3.2 ASP und Application Hosting

Application Service Providing (ASP) und Application Hosting sind Formen des Outsourcing, die auf der strategischen Ebene des Applikationsmanagement anzusiedeln sind. Bei beiden Outsourcing-Formen übernimmt ein externer Dienstleister die Implementierung, den Betrieb und die Wartung eines betrieblichen Anwendungssystems.

Gegen Ende der 1990er Jahre wurden zunächst hohe Erwartungen in das Geschäftsmodell ASP gesetzt, dem Analysten eine rosige Zukunft bescheinigten; die Prognosen für das weltweite Marktvolumen im Jahr 2003 bewegten sich zwischen fünf und 35 Milliarden US-Dollar. Bislang konnten die hohen Erwartungen der IT- und Telekommunikationsindustrie im Hinblick auf die Entwicklung des ASP-Marktes jedoch nicht ansatzweise erfüllt werden. Verworrene Preismodelle und die hohen Sicherheitsbedenken der potenziellen Anwenderunternehmen führten schließlich dazu, dass sich das Geschäftsmodell ASP als Millionengrab für die IT-Dienstleistungsbranche entpuppt hat.

Unter ASP wird im ursprünglichen Sinne das Vermieten von Anwendungssystemen verstanden. Hierbei stellt ein Application Service Provider als externer Dienstleister eine Applikation bereit und betreibt diese in einem eigenen Rechenzentrum. Das Anwenderunternehmen greift webbasiert über einen Internet-Browser auf die Applikation zu. Es ist nicht der Eigentümer der Applikationen und bezahlt allein die in Anspruch genommene Leistung nach einem

Mietmodell, zum Beispiel in Abhängigkeit der Anzahl der Nutzer oder der getätigten Transaktionen.[5]

Hinter der ASP-Idee steckt der One-to-Many-Ansatz. Danach greifen Anwender aus verschiedenen Unternehmen auf eine einzige Applikation zu, die der Application Service Provider betreibt. Da die individuellen Bedürfnisse der einzelnen Unternehmen keinerlei Berücksichtigung finden, hat sich der One-to-Many-Ansatz des ASP als nicht marktfähig herausgestellt.[6] Das ASP-Modell im ursprünglichen Sinne gilt deshalb als gescheitert. Für den Betrieb im ASP-Modell könnten sich lediglich hoch standardisierte Nischenanwendungen eignen, die keine unternehmensspezifischen Anpassungen erfordern.

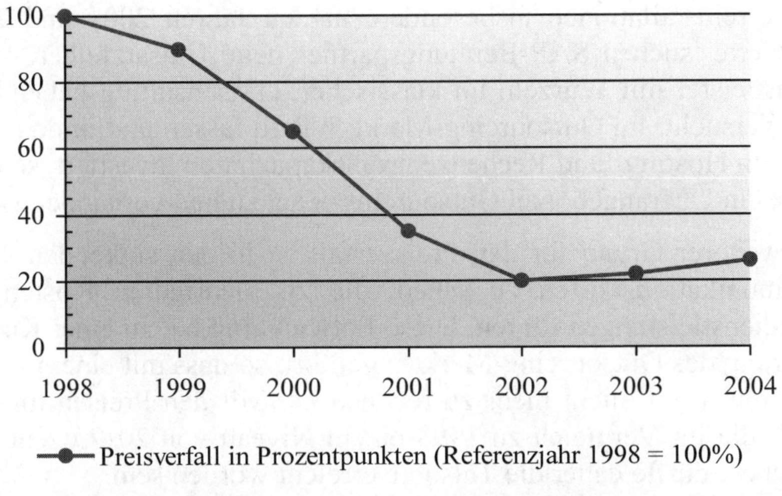

Abb. 9. Preisverfall im deutschen SAP-Outsourcing-Markt[7]

Das stärkste Wachstum im Outsourcing-Markt wird in den nächsten Jahren der Bereich Application Hosting verzeichnen, der in Europa bis zum Jahr 2005 ein Volumen von 3,8 Milliarden US-Dollar erreichen soll. Davon geht das Marktforschungsunternehmen Infonetics

---

[5] Vgl. Röhricht/Schlögel (2001), S. 253 f.

[6] Vgl. TDS (2002), S. 11 ff.

[7] Vgl. Meta Group (2002c).

Research aus. Dies entspräche einem Gesamtwachstum von 460 Prozent zwischen 2001 und 2005. *Application Hosting ist ein Angebot für das zur Verfügung stellen von individuell auf den Kunden abgestimmten Systemen. Der Kunde ist Eigentümer der Softwarelizenzen und arbeitet mit einem oder mehreren Hosting-Anbietern zusammen, die ihm die Infrastruktur, die Implementierung sowie Service und Support bereit stellen.* Der wesentliche Unterschied zum ASP-Modell ist die unternehmensspezifische Anpassung der ausgelagerten Applikationen; Application Hosting wird insbesondere durch den One-to-One-Ansatz gegenüber ASP abgegrenzt.[8]

Seit dem Jahr 2000 ist insbesondere der deutsche Markt für Application Hosting durch einen starken Preisverfall gekennzeichnet. Als Beispiel sei das Outsourcing von SAP-Anwendungen wie SAP R/3 genannt (s. Abb. 52). Da der Markt für herkömmliche SAP-Softwareinstallationen insbesondere in den Jahren 2001 und 2002 stagnierte, suchen SAP-Beratungspartner neue Umsatzfelder. Viele Dienstleister mit Wurzeln im klassischen IT-Consulting haben deshalb versucht, im Outsourcing-Markt Fuß zu fassen und in den Aufbau von Hosting- und Rechenzentrumskapazitäten investiert, so dass heute ein Überangebot an Outsourcing-Kapazitäten vorhanden ist.

Ein weiterer Grund für den Preisverfall ist in den sinkenden Telekommunikationskosten zu sehen, die zu niedrigeren Kosten für Netzdienstleistungen führen. Diese Entwicklung hat zu einer Konsolidierung des Outsourcing-Marktes geführt, so dass mit einem weiteren Preisverfall nicht mehr zu rechnen ist. Mit den Preisen im Jahr 2002, die im Vergleich zu 1998 einem Niveau von 20 Prozent entsprechen, dürfte daher die Talsohle erreicht worden sein.

Abschließend bleibt festzuhalten, dass Application Hosting trotz des starken Preisverfalls in der Regel nur für Unternehmen des gehobenen Mittelstands ein finanziell attraktives Geschäftsmodell ist. Aufgrund der Komplexität dieser Dienstleistung ist das Preisniveau noch immer hoch, und es ist nicht davon auszugehen, dass die Preise für die Nutzung von Application Hosting mittelfristig wesentlich sinken werden. Für kleinere Unternehmen dürfte in vielen Fällen die Einrichtung einer eigenen IT- und Applikationsinfrastruktur auf-

---

[8] Vgl. TDS (2002), S. 14 f.

grund der niedrigeren Nutzeranzahl attraktiver und schneller in der Umsetzung sein als die Inanspruchnahme komplexer Outsourcing-Dienstleistungen wie Application Hosting.

3.3.3 Service Level Management

Ein Outsourcing-Dienstleister muss die vertraglich vereinbarten Leistungen für den Kunden nicht immer zu den gleichen Konditionen erfüllen. In einigen Fällen wird der Dienstleister die geschuldete Leistung schnellstmöglich erbringen müssen, in anderen Fällen wird ihm von den Kunden ein gewisser Spielraum für die Leistungserfüllung eingeräumt. Um den Rahmen der zu erbringenden Leistung zu definieren, werden zwischen dem Outsourcing-Dienstleister und dem Anwenderunternehmen Service-Level-Vereinbarungen, die auch als Service Level Agreements (SLA) bezeichnet werden, getroffen, in denen die qualitativen und quantitativen Vertragsziele festgelegt werden.

Ein SLA dient dazu, das erwartete Ergebnis des zu erbringenden Dienstes, andererseits aber auch Rechte und Pflichten von Dienstgeber und Dienstnehmer sowie Sanktionen beziehungsweise Prämien im Falle von negativen beziehungsweise positiven Abweichungen vom erwarteten Ergebnis zu definieren.[9] Dazu muss Klarheit darüber herrschen, welche Dienste für das Anwenderunternehmen kritisch sind. Das Unternehmen muss festlegen können, in welcher Qualität und Quantität er die Leistungserfüllung durch den Dienstleister erwartet.

Die wichtigsten Bestandteile einer solchen Vereinbarung sind in der Regel die Verfügbarkeit, die durchschnittliche Ausfallzeit, die Reaktionszeit und Notfallprozeduren. Über ein Service Level Management wird die Einhaltung der Service Level Agreements gemessen. Im Falle der Nichteinhaltung greifen vertraglich vereinbarte Malus-Regelungen.

---

[9] Söbbing (2002), S. 161 ff.

3.3.4 Potenziale und Risiken des Outsourcing

Die Entwicklung des Outsourcing-Marktes wird stark von den Verbesserungen und Erweiterungen der Telekommunikations- und Netzwerktechnologie beeinflusst, durch die erst der Zugang zu ausgelagerten Applikationen über private und öffentliche Netzwerkumgebungen ermöglicht wird. Insbesondere stellt das wachsende Vertrauen der Anwenderunternehmen durch den Einsatz von Sicherheitsmechanismen für die Erhöhung der Datensicherheit einen wichtigen Erfolgsfaktor für das Outsourcing geschäftskritischer Applikationen dar.[10]

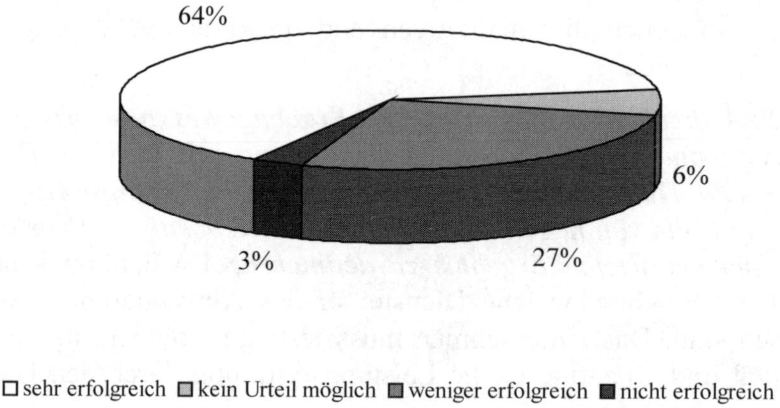

Abb. 10. Erfolgsquote von Outsourcing-Projekten in Deutschland[11]

Den Ergebnissen einer Untersuchung von Accenture aus dem Jahr 2002 zufolge, bezeichnet die Mehrheit (64 Prozent) der Unternehmen in Deutschland, die Outsourcing-Dienstleistungen nutzen, ihr Projekte als überwiegend erfolgreich. Dabei wird der wichtigste Erfolgsfaktor nicht unmittelbar in der Chance auf Kostensenkung gesehen, sondern vielmehr in der Optimierung der Kostenflexibilität bei Kapazitätsschwankungen sowie der bedarfsgerechten Anpassung

[10] Vgl. Röhricht/Schlögel (2001), S. 260 ff.
[11] Vgl. Accenture (2002), S. 5.

der Ressourcen. Neben den finanziellen Vorteilen kann sich durch das Auslagern geschäftskritischer Applikationen eine Reihe strategischer Vorteile für ein Unternehmen ergeben. Im wesentlichen sind dies die Konzentration auf das Kerngeschäft, das verminderte Verfügbarkeitsrisiko durch den professionellen Betrieb der Anwendungen durch einen spezialisierten Dienstleister und die Nutzung modernster Technologie.

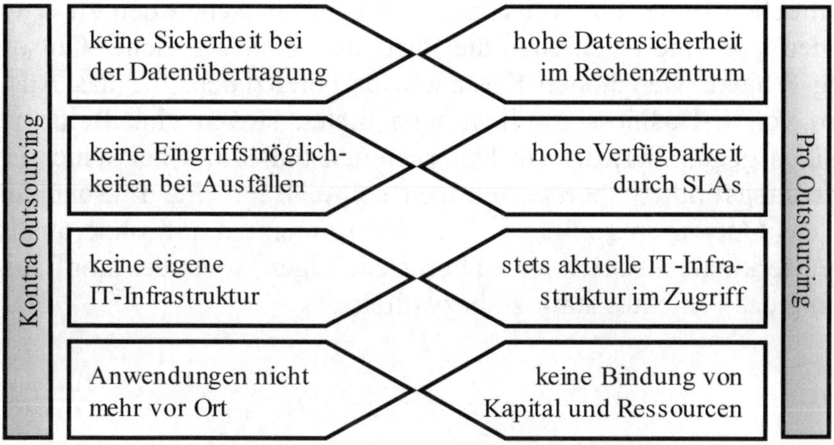

Abb. 11. Zielkonflikte bei Outsourcing-Projekten[12]

Demgegenüber ist mit dem Auslagern geschäftskritischer Applikationen eine Reihe von Risiken verbunden, so dass ein Unternehmen individuell über die Nutzung von Outsourcing-Dienstleistungen abwägen muss. Mögliche Nachteile sind:

- hohe Abhängigkeit von externen Dienstleistern,
- hohe Kosten eines Dienstleisterwechsels,
- Know-how-Verlust in den ausgelagerten Bereichen,
- komplexe Integration der Prozesse mit langen Vorlaufzeiten,
- keine präzise festgeschriebenen Service Level Agreements,
- nicht eingehaltene Service Level Agreements,

[12] Vgl. TDS (2002), S. 23.

- eingeschränkter Datenschutz und eingeschränkte Datensicherheit,
- Qualitätsverlust in den ausgelagerten Bereichen,
- hoher administrativer Aufwand in Relation zu den Kosteneinsparungen,
- geringe Kostenflexibilität bei Kapazitätsschwankungen.[13]

Schließlich bildet ein sorgsames Abwägen zwischen den zu erwartenden Vor- und Nachteilen die Basis für ein erfolgreiches Outsourcing-Projekt. Den hohen Kosteneinsparpotenzialen, die das Auslagern von E-Business-Applikationen bietet, stehen eine Reihe von Risiken gegenüber, die ein Unternehmen unbedingt bei seiner Entscheidungsfindung berücksichtigen sollte. Baut eine Entscheidung für das Outsourcing allein auf Kostenargumenten auf, ohne qualitative Merkmale ausreichend zu berücksichtigen, so ist der langfristige Erfolg des Projektes stark zu bezweifeln.

[13] Vgl. Accenture (2002), S. 6.

4 E-Business-Einführungsstrategie

Der Erfolg eines E-Business-Projektes im Mittelstand hängt nicht allein von einer geeigneten E-Business-Lösung ab, die den mittelstandsspezifischen Anforderungen gerecht wird. Vielmehr noch ist die erfolgreiche Einführung und schließlich die Nutzung der Anwendung durch die Mitarbeiter im Alltagsgeschäft ein Indikator für die erfolgreiche Projektrealisierung.

Eine E-Business-Einführung hat immer auch großen Einfluss auf die Struktur der Geschäftsprozesse und der Unternehmensorganisation. Da die Bereitschaft der Unternehmen zu Veränderungen nicht immer vorhanden ist, ist für die erfolgreiche Umsetzung eines E-Business-Projektes eine sukzessive Einführungsstrategie zu wählen, die nach Abschluss von Teilprojektschritten sichtbaren Nutzen stiftet. Dadurch wird die Akzeptanz des Projektes gefördert.

Eine mittelstandsspezifische E-Business-Einführungsstrategie muss organisatorische, strategische und technische Fragestellungen gleichermaßen berücksichtigen. Letztlich werden die Optimierungspotenziale, die mit der E-Business-Einführung verbunden sind, niemals allein durch die technische Implementierung, sondern durch das Reengineering und die Transformation von Geschäftsprozessen ausgeschöpft. Dies ist von Projektbeginn an zu berücksichtigen.

4.1 E-Business-Strategieentwicklung

Die Basis für den langfristigen Erfolg von E-Business-Projekten bildet die Entwicklung einer übergreifenden E-Business-Strategie. Diese sollte mit der allgemeinen Unternehmensstrategie einher gehen und diese sinnvoll ergänzen. Zunächst sind die allgemeinen Ziele, die Stärken und Schwächen sowie die Chancen und Risiken des Unternehmens ausführlich zu analysieren und zu bewerten.

Darauf aufbauend kann eine übergreifende E-Business-Strategie entwickelt werden, die den Handlungsrahmen für ein Projekt absteckt. Aus der Strategie können schließlich die möglichen Anwendungsbereiche abgeleitet werden. Diese sind auf ihre Umsetzbarkeit zu überprüfen und schließlich in einen prioritätsorientierten Umsetzungsplan zu überführen.

4.1.1 Strategiebegriff und -grundlagen

Der Strategiebegriff findet in der betriebswirtschaftlichen Praxis und Theorie in sehr unterschiedlicher Form und mit einer Fülle voneinander abweichender Begriffsinhalte Verwendung. Der Versuch einer allgemein gültigen Begriffsdefinition scheitert meist daran, dass die Definitionskriterien in der Regel an den jeweiligen Verwendungszweck gebunden sind. Für den Begriff der E-Business-Strategie bietet sich folgende Definition an: *Eine Strategie im Electronic Business kann vor dem Hintergrund der erheblichen Evolutionsdynamik als zumeist mittelfristige Zielrichtung von Unternehmensverhalten unter Berücksichtigung der externen Markt- und Wettbewerbsbedingungen, der Ressourcendispositionen und der Kernkompetenzen interpretiert werden, die der Erzielung eines nachhaltigen Wettbewerbsvorteils dient.*[1]

Die Aufgabe der strategischen Unternehmensführung besteht darin, grundlegende Entscheidungen im Hinblick auf die mittel- bis langfristigen Zielsetzungen eines Unternehmens zu treffen. Neben diesen Zielsetzungen ist aber auch die Unternehmenssituation im internen und externen Kontext als strategiemitbestimmend zu betrachten. Die aus den Zielsetzungen und der gesamten Unternehmenssituation abgeleitete E-Business-Strategie soll schließlich ein allgemeingültiges Rahmenwerk für die nachgelagerten operativen Einheiten im Unternehmen, aber auch für externe Einheiten wie Kunden und Zulieferer schaffen.

4.1.2 Strategiefindung und -formulierung

E-Business soll ein Unternehmen bei dem Erreichen seiner operativen und strategischen Zielsetzungen unterstützen. Deshalb ist die Entwicklung einer unternehmensübergreifenden E-Business-Strategie von zentraler Bedeutung. Insbesondere die Integration der zu

---

[1] Wirtz (2001), S. 147.

erarbeitenden E-Business-Strategie in die allgemeine Unternehmensstrategie ist erfolgsentscheidend.[2]

Zunächst müssen die Unternehmensziele als Grundlage gegenwärtiger und zukünftiger betrieblicher Verhaltensweisen eindeutig definiert werden. Darauf folgt eine zweidimensionale Analyse der Unternehmenssituation, in der sowohl unternehmensinterne als auch unternehmensexterne Faktoren, die das betriebliche Handeln beeinflussen oder in Zukunft beeinflussen könnten, betrachtet werden. Die externe Situationsanalyse umfasst eine Umfeld-, Markt- und Wettbewerbsanalyse, während die interne Analyse auf die eigenen Kompetenzen und Ressourcen ausgerichtet ist.

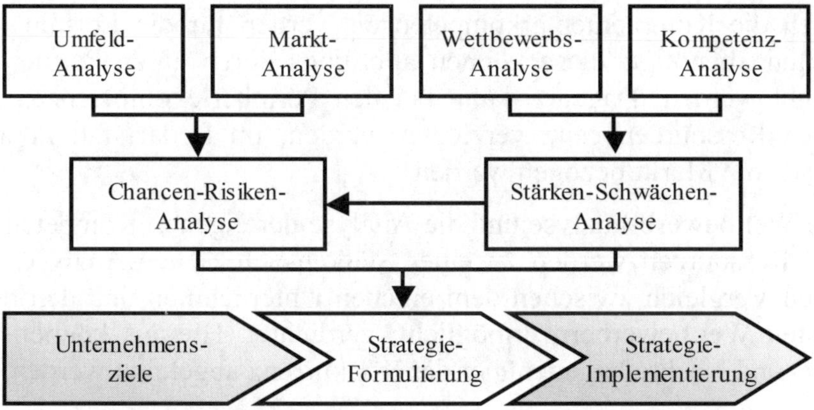

Abb. 1. Phasen der Situationsanalyse[3]

Durch die Umfeldanalyse sollen die Rahmenbedingungen identifiziert werden, unter denen ein Unternehmen tätig ist. Dabei handelt es sich um ökonomische, technische oder soziale Größen, die den Handlungsspielraum eines Unternehmens definieren; auf diese Größen kann das Unternehmen in der Regel keinen Einfluss ausüben.

Im folgenden Schritt der Marktanalyse werden wiederum Rahmenbedingungen untersucht, allerdings solche, auf die das Unternehmen direkten oder indirekten Einfluss hat. *Es handelt sich dabei um die Strukturen aller für das betrachtete Unternehmen relevanten Märk-*

[2] Vgl. Brandstetter/Fries (2002), S. 73.

[3] Vgl. Wirtz (2001), S. 149.

te, wie den Beschaffungsmarkt, den Absatzmarkt oder den Markt für Mitarbeiter sowie um die auf diesen Märkten zu beobachtenden Angebots- und Nachfragemuster.[4]

Die Wettbewerbsanalyse erfasst die Menge aller tatsächlichen und potenziellen Konkurrenten sowie deren Marktverhalten und die für die Marktbearbeitung zur Verfügung stehenden Ressourcen. Demgegenüber werden in einem weiteren Analyseschritt die eigenen Kompetenzen und Ressourcen erfasst. Im Rahmen dieser Analyse wird eine Kategorisierung der eigenen Fähigkeiten nach Kernkompetenzen, Komplementärkompetenzen und Peripheriekompetenzen durchgeführt. Bei den Kernkompetenzen handelt es sich um die für den Leistungserstellungsprozess zwingend notwendigen Ressourcen. Auch die Komplementärkompetenzen werden für die Leistungserstellung benötigt; diese können allerdings durch einen Partner erbracht werden. Dagegen kann bei den Peripheriekompetenzen auf einen Ressourcenbesitz verzichtet werden; im Bedarfsfall können diese vom Markt bezogen werden.

Die Wettbewerbsanalyse und die Analyse der eigenen Kompetenzen und Ressourcen werden zu einer Stärken-Schwächen-Analyse, die einen Vergleich zwischen dem eigenen Unternehmen und den relevanten Wettbewerbern ermöglicht, verdichtet. Hieraus können die Vor- und Nachteile gegenüber der Konkurrenz abgeleitet werden.

Das Ergebnis der Stärken-Schwächen-Analyse wird mit der Umfeld- und Marktanalyse zusammengeführt, um schließlich zu einer Chancen-Risiken-Analyse zu gelangen. Durch die Chancen-Risiken-Analyse können Entwicklungstendenzen in den für das Unternehmen relevanten Märkten identifiziert und Handlungsoptionen abgeleitet werden. Die Ergebnisse der Chancen-Risiken-Analyse werden mit den anfangs definierten übergreifenden Unternehmenszielen kombiniert und für die Formulierung einer übergreifenden E-Business-Strategie verwendet.

[4] Wirtz (2001), S. 149.

4.1.3 Ableitung des Anwendungsportfolios

Nachdem eine übergreifende E-Business-Strategie formuliert wurde, bedarf es der Implementierung dieser Strategie. Die Umsetzung der ausgewählten Handlungsalternativen findet in Form von E-Business-Projekten unter Berücksichtigung der betrieblichen Dimensionen Organisation, Personal und Systeme statt.

Dazu wird aus der formulierten E-Business-Strategie ein prioritätsorientiertes Portfolio von E-Business-Anwendungen abgeleitet, das für die effiziente Umsetzung der Strategie geeignet ist. Jede Anwendung ist anhand der zu erwartenden Vorteile und der Erfolgsfaktoren detailliert zu beschreiben und auf ihren Nutzen und ihre Umsetzbarkeit zu überprüfen.[5] Die möglichen Anwendungsbereiche wurden bereits in Kapitel 2 erörtert.

[5] Vgl. Röhricht/Schlögel (2001), S. 421 ff.

4.2 Konzeption und Wirtschaftlichkeitsbetrachtungen

Nachdem eine übergreifende E-Business-Strategie definiert und daraus ein Anwendungsportfolio abgeleitet wurde, sind für die geplante E-Business-Anwendung die Anforderungen exakt zu definieren. Dadurch wird einerseits gewährleistet, dass nach der Projektrealisierung die benötigte fachliche und technische Funktionalität tatsächlich vorhanden ist. Andererseits wird die Einführung eines überdimensionierten Systems vermieden, wodurch wertvolle Ressourcen geschont werden.

Bei der anschließenden Konzeption der E-Business-Lösung, die sich in eine Grob-, eine fachliche und eine technische Konzeption untergliedert, werden die von der E-Business-Einführung betroffenen Mitarbeiter nach und nach in das Projektgeschehen integriert. So können die Mitarbeiter ihr Fachwissen in die Konzeption der Anwendung einbringen und gleichzeitig ihren Kenntnisstand über die zukünftige E-Business-Anwendung erhöhen.

4.2.1 Anforderungsdefinition und Grobkonzeption

Die Grundlage für den Erfolg einer E-Business-Einführung bildet die exakte Definition der Anforderungen, die von der E-Business-Anwendung später bewältigt werden sollen. Einerseits kann dadurch sichergestellt werden, dass das später eingeführte System mit der tatsächlich benötigten fachlichen und technischen Funktionalität ausgestattet ist. Andererseits wird auf diese Weise vermieden, dass ein überdimensioniertes System eingeführt wird, dessen Funktionalität letztlich nur zu einem Bruchteil genutzt wird. Vor dem Hintergrund der begrenzten finanziellen und personellen Ressourcen in kleinen und mittelständischen Unternehmen gewinnt insbesondere letzteres an Bedeutung.

Bei der Anforderungsdefinition stehen die einzelnen Anforderungen und Leistungsmerkmale der geplanten E-Business-Anwendung im Vordergrund. Insbesondere sind die fachlichen Anforderungen der betroffenen Unternehmenseinheiten zu erfassen, auszuwerten und in der anschließenden Grobkonzeption zu berücksichtigen. Neben den fachlichen und technischen Anforderungen enthält die Anforderungsdefinition auch eine Priorisierung, in welcher Zeit und in welcher Reihenfolge die Anforderungen bei der E-Business-Einführung umzusetzen sind.

Im Anschluss wird eine Grobkonzeption erstellt, in der die Umsetzung der definierten Anforderungen im Rahmen der E-Business-Einführung konkretisiert wird; die ersten Schritte bei der E-Business-Einführung werden skizziert. Durch laufende Information und die Einbindung in das Konzeptionsgeschehen sollten die betroffenen Unternehmenseinheiten und Mitarbeiter bereits in der Grobkonzeptionsphase für eine aktive Mitarbeit an der E-Business-Einführung motiviert werden.

4.2.2 Fachliche und technische Konzeption

Die fachliche und technische Konzeption ist die Basis für die spätere Umsetzung der E-Business-Anwendung. Hier begangene Fehler wirken sich in der Regel erst nach der Projektrealisierung aus, so dass ein Unternehmen die Konzeptionsphase sehr sorgfältig vorbereiten und durchführen sollte. Der Schwerpunkt liegt dabei eindeutig auf der fachlichen Konzeption. Technisch getriebene E-Business-Projekte drohen zu scheitern, weil sie die strategischen Zielsetzungen und die fachlichen Anforderungen des Unternehmens zu wenig berücksichtigen. *Die Technologie wird erst in einer nachgelagerten Stufe als Mittel zum Zweck hinterlegt.*[1]

In der fachlichen Konzeption werden die Funktionen und Prozesse der E-Business-Anwendung auf der Grundlage der Grobkonzeption gestaltet und die einzelnen Schritte der Einführung definiert. Zunächst geht es darum, die bisher definierten Anforderungen weiter zu spezifizieren und Schwerpunkte für den Projektverlauf zu bilden. Dafür wird die organisatorische Gliederung des Unternehmens erfasst und der für das Projekt relevante Informationsfluss definiert. Dies schafft die Voraussetzung für eine Eingrenzung der von der E-Business-Einführung betroffenen Unternehmenseinheiten. Anschließend erfolgt die Verlagerung der reinen Information von betroffenen Unternehmenseinheiten und Mitarbeitern zu einer aktiven Beteiligung an der Konzepterstellung. *Hier führen nicht wissenschaftliche*

---

[1] Brandstetter/Fries (2002), S. 147.

oder starre Analysemethoden zum Erfolg, sondern die Weckung von Motivation und Teamgedanken der beteiligten Mitarbeiter.[2] An der Fachkonzeption ist die zentrale IT-Abteilung in der Regel nicht beteiligt; sie zeichnet lediglich für den störungsfreien Ablauf der eingesetzten Hard- und Software verantwortlich, die im Rahmen der Einführung der E-Business-Anwendung benötigt wird. Es bleibt daher unverständlich, warum in den meisten Fällen wesentlich mehr Zeit für Technikvergleich und -beschaffung als in die fachliche Analyse investiert wird.

Im Rahmen der Fachkonzeption werden die betroffenen Unternehmenseinheiten und Mitarbeiter, die nun als Projektbeteiligte gelten, weiter in die geplante E-Business-Einführung miteingebunden, um einerseits detaillierte Informationen zur weiteren Ausarbeitung der Fachkonzeption zu erhalten und andererseits den Kenntnisstand der Mitarbeiter über die zukünftige E-Business-Anwendung zu erhöhen.

Es sei darauf hingewiesen, dass in den meisten Fällen die benötigte Zeit und geschultes Personal fehlen, um eine nur annähernd so fundierte Fachkonzeption zu erarbeiten, wie dies beispielsweise Unternehmensberatungen anbieten. Dennoch sollte die bessere Akzeptanzwirkung nicht unterschätzt werden, die ein eigenständiges Erarbeiten der Fachkonzeption durch eigene Mitarbeiter mit sich bringt. Eine professionelle Fachkonzeption ist dagegen kostenaufwendig und kann die beteiligten Unternehmenseinheiten und Mitarbeiter schnell verunsichern.

Nachdem die fachliche Konzeption abgeschlossen ist, erfolgt die Spezifizierung technischer Details. Hierzu definiert in der Regel die zentrale IT-Abteilung die technischen Anforderungen an die E-Business-Anwendung, wobei die Integrationsfähigkeit der Anwendung in die bestehende IT-Landschaft im Vordergrund steht. Das Ergebnis der technischen Konzeption liefert schließlich die Grundlage, um die fachlichen Anforderungen, die im Hinblick auf die Einführung der E-Business-Anwendung definiert wurden, technisch umzusetzen. Erfolgsentscheidend ist, dass sich die technische Kon-

---

[2] Miserre/Montanus (2001), S. 80 f.

zeption an den fachlichen Vorgaben orientiert; die technische Umsetzung ist nur als *Mittel zum Zweck*[3] zu betrachten.

Mit dem Abschluss der fachlichen und technischen Konzeption kann mit der E-Business-Einführung begonnen werden. Nach der Aufstellung eines Projektplans beginnt die betriebliche Integration, die von einem permanenten Abgleich der Zielvorgaben mit den ausgeführten Leistungen begleitet wird.

4.2.3 Plausibilität des Return-on-Investment

Die Wirtschaftlichkeit eines E-Business-Projektes bildet in der Regel die Grundlage bei der Entscheidung für oder gegen eine Projektumsetzung, wobei Theoretiker wie Praktiker mittlerweile die vielfältigsten Modelle zur Wirtschaftlichkeitsbetrachtung von E-Business-Projekten geschaffen haben. *Die Aussagen reichen von der Bejahung der Möglichkeit zur pauschalen Return-on-Investment-Berechnung von Software ausschließlich auf technologischer Basis, der Berechnung nur unter Einbeziehung der konkreten Ausgangssituation beim Anwender und damit einer ganzen Reihe von so genannten weichen Faktoren bis hin zu der pauschalen Aussage, dass sich E-Business nahezu immer rechnet.*[4]

Die Aussagekraft jeder Wirtschaftlichkeitsbetrachtung hängt von der Plausibilität der verwendeten Messgrößen und Bewertungssysteme ab. Während sich qualitative Ausprägungen oft dem Vorwurf der Beliebigkeit ausgesetzt sehen, werden quantitative Ansätze als zu wenig praxisorientiert bewertet. Tatsächlich gibt es kein Patentrezept für die Berechnung der Wirtschaftlichkeit eines E-Business-Projektes, das in jedem Unternehmen gleichermaßen Anwendung finden kann.

Vielmehr muss ein Unternehmen seine konkrete Ausgangssituation und seine Ziele, die im Rahmen der Strategieformulierung definiert worden sind und die durch die E-Business-Einführung erreicht werden sollen, betrachten, um daraus einen eigenen Ansatz zur Berechnung des Return-on-Investment (ROI) abzuleiten. Das folgende Mo-

---

[3] Brandstetter/Fries (2002), S. 168.

[4] Brendel (2002), S. 127 f.

dell zeigt beispielhaft und in vereinfachter Form mögliche Einflussfaktoren für die Berechnung des Return-on-Investment im Rahmen einer CRM-Einführung.

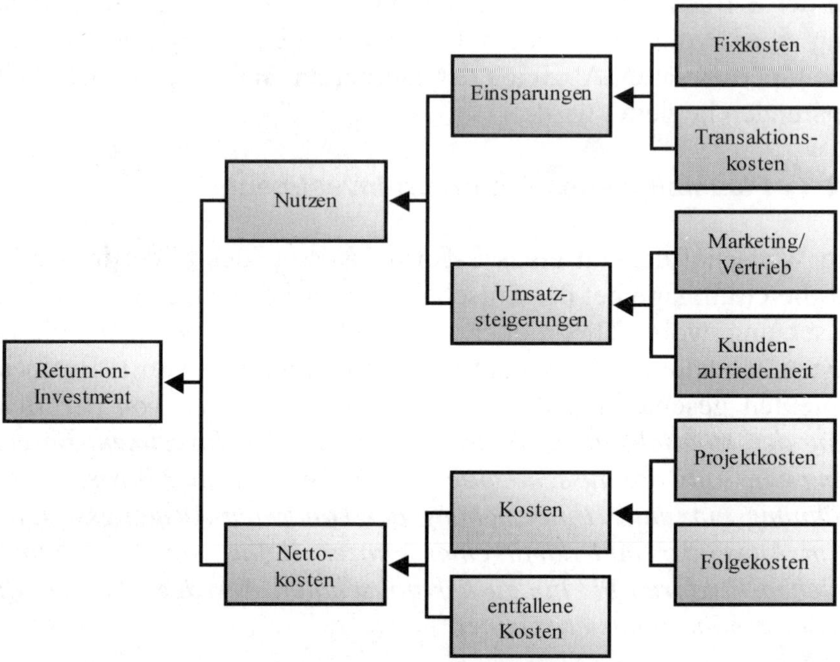

Abb. 2. ROI-Einflussfaktoren am Beispiel einer CRM-Einführung[5]

Aus dem Beispiel einer CRM-Einführung soll eine pragmatische Sichtweise für die Ermittlung des Return-on-Investment hergeleitet werden. Dazu werden folgende Annahmen getroffen: Ein Unternehmen mit einem Jahresumsatz von 50 Millionen Euro verliert pro Jahr 14 Prozent seiner Kunden, was einem entgangenen Umsatz von sieben Millionen Euro entspricht. Da sich die jährlichen Vertriebskosten auf acht Prozent des Jahresumsatzes belaufen, muss das Unternehmen zusätzliche Vertriebskosten in Höhe von 560.000 Euro (acht Prozent von sieben Millionen Euro) aufwenden, um die Kundenverlustrate vollständig zu kompensieren.

[5] Vgl. Brendel (2002), S. 135.

Das Beispielunternehmen entscheidet sich schließlich für die Einführung einer CRM-Lösung, deren Gesamtkosten sich auf 300.000 Euro belaufen. Bei einer fünfjährigen Nutzungsdauer betragen die jährlichen Kosten für die CRM-Einführung 60.000 Euro. Zusätzlich entstehen im Rahmen der CRM-Strategie Kosten für neue Kundendienstleistungen und Kommunikationsmaßnahmen, die in die Berechnung mit 80.000 Euro pro Jahr einfließen. Dadurch ergeben sich jährliche CRM-Gesamtkosten in Höhe von 140.000 Euro.

Reduzierung der Kundenverlustrate um 2%	Reduzierung des Umsatzverlustes um 1 Mio. €	
Vertriebskostenersparnis	8% von 1 Mio. €	+ 0,08 Mio. €
jährliche CRM-Kosten		- 0,14 Mio. €
Differenz 1. Jahr		- 0,06 Mio. €
Reduzierung der Kundenverlustrate um weitere 1,5%	Reduzierung des Umsatzverlustes um 1,75 Mio. €	
Vertriebskostenersparnis	8% von 1,75 Mio. €	+ 0,14 Mio. €
jährliche CRM-Kosten		- 0,14 Mio. €
Differenz 2. Jahr		0,00 Mio. €
Reduzierung der Kundenverlustrate um weitere 1,5%	Reduzierung des Umsatzverlustes um 2,5 Mio. €	
Vertriebskostenersparnis	8% von 2,5 Mio. €	+ 0,20 Mio. €
jährliche CRM-Kosten		- 0,14 Mio. €
Differenz 3. Jahr		+ 0,06 Mio. €

Abb. 3. ROI-Berechnung am Beispiel einer CRM-Einführung[6]

Das Beispielunternehmen hat im Rahmen der mittelfristigen Strategieplanung eine Reduzierung der Kundeverlustrate als Zielsetzung definiert. Dazu wurde eine neue CRM-Strategie formuliert und ein CRM-System eingeführt. In der vereinfachten Modellrechnung werden lediglich Kostenersparniseffekte bei der Neukundengewinnung durch die CRM-Einführung berücksichtigt:

- Bei einer Verminderung der Kundenverlustrate um zwei Prozent im ersten Jahr wird der Umsatzverlust um eine Million

[6] Vgl. Infor Business Solutions (2002), S. 7.

Euro reduziert. Die sich daraus ergebenden Einsparungen bei den Vertriebskosten belaufen sich auf 80.000 Euro. Unter Berücksichtigung der Kosten für die CRM-Einführung und die laufenden Maßnahmen im Kundenmanagement ergibt sich am Ende des ersten Jahres ein negativer Saldo von 60.000 Euro.

- Für das zweite Jahr wird eine weitere Verringerung der Kundenverlustrate um 1,5 Prozent angenommen. Bereits am Ende des zweiten Jahres ist der Return-on-Investment erreicht.
- Nach Ablauf des dritten Jahres ergibt die Wirtschaftlichkeitsbetrachtung unter Berücksichtigung einer weiteren Reduzierung der Kundenverlustrate um 1,5 Prozent ein positives Ergebnis.[7]

In diesem vereinfachten Beispiel wurde der Return-on-Investment ausschließlich durch eine Reduzierung der Vertriebskosten in der Neukundengewinnung nach 24 Monaten erreicht. Weitere positive Effekte, die durch die CRM-Einführung erzielt werden können, wurden in der Wirtschaftlichkeitsbetrachtung nicht berücksichtigt. Wenn etwa bei den stabilen Bestandskunden durch die neuen Kundendienstleistungen und Kommunikationsmaßnahmen eine Umsatzsteigerung bewirkt werden kann, wird der Return-on-Investment bereits deutlich früher erreicht.

---

[7] Vgl. Infor Business Solutions (2002), S. 5 ff.

4.3 Betriebliche Integration

Die betriebliche Integration einer E-Business-Anwendung soll dafür sorgen, dass diese nach Abschluss des Projektes in den Alltagsbetrieb überführt werden kann. Dabei sind die Dimensionen Organisation, Personal und Systeme gleichermaßen zu berücksichtigen. Sowohl die Unternehmensorganisation als auch die Systemlandschaft sollen die Wertschöpfung, die durch das Personal erzielt wird, stützen und letztlich steigern. Bei der E-Business-Einführung sind deshalb Synergiepotenziale zu analysieren und auszuschöpfen.

4.3.1 Grundlagen des Projektmanagements

Prinzipiell gelten die allgemeinen Regeln des Projektmanagements auch für E-Business-Projekte. Demnach sind E-Business-Projekte einmalige Vorhaben mit hoher Komplexität, die innovatives Vorgehen erfordern, deren Start und Ende terminiert, deren Ressourcen begrenzt und die mit Risiken verbunden sind.[1]

Das Projektmanagement als Funktion enthält alle dispositiven Tätigkeiten, die den Erfolg eines solchen Projektes sicherstellen sollen. Als Kernelemente des Projektmanagements sind hier Planung, Überwachung und Steuerung zu nennen. Demnach ist das Projektmanagement *als ein Leitungs- und Organisationskonzept zu verstehen, mit dem versucht wird, die vielen und sich teilweise gegenseitig beeinflussenden Projektelemente nicht dem Zufall oder der Genialität einzelner Bearbeiter zu überlassen, sondern sie gezielt zu einem fest geplanten Zeitpunkt herbeizuführen.*[2]

Eine besondere Rolle kommt der Projektorganisation zu. In der Theorie gibt es eine Vielzahl von Möglichkeiten, wie die Projektleitung in ein Unternehmen integriert werden kann. Dabei wird insbesondere die Projektlinienorganisation empfohlen, bei der ein Projekt eine eigenständige und autonome Organisationssäule im Unternehmen darstellt. Für das Projektmanagement in kleinen und mittelständischen Unternehmen ist eine solche Projektorganisation, die zwar theoretisch fundiert ist, in der Praxis aber nur mit großem Aufwand

---

[1] Vgl. Heilmann (2000).

[2] Bogner/Möhrstädt/Paxian (2001), S. 27.

und tiefen Einschnitten in die Unternehmensorganisation realisiert werden kann, nicht zu empfehlen.

Eine kurzfristige Anpassung der bestehenden Unternehmensorganisation im Rahmen einer E-Business-Einführung birgt das Risiko, den Ablauf des Tagesgeschäfts zu gefährden. Deshalb empfiehlt es sich, ein Projekt innerhalb der im Unternehmen vorhandenen Organisationsform – in den meisten Fällen ist dies eine hierarchische, fachorientierte Organisationsform – durchzuführen.[3] Entsprechend kann ein Mitarbeiter mit fachlicher Verantwortung als fachlicher Projektleiter eingesetzt werden. Diese Vorgehensweise bietet den Vorteil, dass die am Projekt beteiligten Unternehmensbereiche, Mitarbeiter und Geschäftsprozesse schnell identifiziert werden können. Es sei jedoch deutlich darauf hingewiesen, dass die E-Business-Einführung durchaus Veränderungen in der Unternehmensorganisation hervorrufen kann. Dies sollte bereits in der fachlichen Konzeption berücksichtigt werden, bei der die betroffenen Unternehmenseinheiten und Mitarbeiter mit einzubeziehen sind.

Im Rahmen der Projektstrukturierung ist für die E-Business-Einführung ein Phasenkonzept zu erstellen, dessen Grundidee die Reduzierung der Komplexität durch Aufteilung des Gesamtprojektes in überschaubare Teilschritte ist.[4] Erst dadurch wird die Planung, Überwachung und Steuerung des Gesamtprojektes überhaupt möglich. Am Ende jedes Teilschrittes erfolgt eine Überprüfung der erreichten Ziele mit anschließender Freigabe der nächsten Phase, wenn ein positives Ergebnis vorliegt. Insbesondere in kleinen und mittelständischen Unternehmen bietet sich eine Vorgehensweise in überschaubaren Schritten an. Die Teilschritte zeichnen sich dabei durch ein begrenztes Bündel an Maßnahmen aus, die bereits nach kurzer Zeit Nutzen stiften und dadurch die Akzeptanz des E-Business-Projektes fördern.[5]

---

[3] Vgl. Bogner/Möhrstädt/Paxian (2001), S. 26 ff.
[4] Vgl. Heilmann (2000).
[5] Vgl. Brendel (2002), S. 57 ff.

4.3.2 Erfolgsfaktoren in E-Business-Projekten

Der Erfolg der E-Business-Einführung hängt von der präzisen Umsetzung der fachlichen und technischen Konzeption unter Berücksichtigung der formulierten Strategie ab. Hier sei nochmals darauf verwiesen, dass E-Business eine klare Orientierung an den Geschäftszielen eines Unternehmens verlangt. Um die angestrebte Zielsetzung zu erreichen, muss sichergestellt werden, dass die in der Konzeptionsphase erarbeiteten fachlichen und technischen Anforderungen konsequent umgesetzt werden.

Die Gefahr besteht darin, *dass zu schnell in die technische Umsetzung eingestiegen wird, ohne die unternehmensspezifischen Prozesse und Anforderungen ausreichend zu berücksichtigen.*[6] Zwar mag dann ein lauffähiges Pilotsystem umso schneller aufgebaut sein; die notwendigen Anpassungen der Geschäftsprozesse gestalten sich dagegen umso aufwendiger, wenn diese nicht von Anfang an mitkonzipiert wurden. Die erwarteten Verbesserungen durch die E-Business-Einführung werden selten aus dem System per se, sondern aus einer Veränderung in den Abläufen gewonnen.[7]

Um die personellen und finanziellen Ressourcen eines Unternehmens nicht überzustrapazieren, empfiehlt sich eine modulare Projektvorgehensweise, die eine schnelle Nutzung der E-Business-Anwendung nach Abschluss bestimmter Teilschritte gewährleistet. E-Business-Komplettlösungen aus starrem Guss bieten zwar ein Höchstmaß an Funktionalität; wegen ihrer meist langen Einführungszeiten und des hohen Schulungsaufwands sind sie für eine sukzessive Einführung allerdings nicht geeignet.

Hingegen können E-Business-Anwendungen, die einen schrittweisen Ausbau ihres Funktionalitätsspektrums ermöglichen, *bei einem Optimum an Effizienz und Effektivität die Mitarbeiter von Beginn an in den vordringlichsten Aufgabenbereichen unterstützen.*[8] Letztlich ist nur die konsequente Nutzung der E-Business-Anwendung ein Indikator für den Erfolg des gesamten Projektes.

---

[6] Brandstetter/Fries (2002), S. 264.

[7] Vgl. Cap Gemini Ernst & Young (2001), S. 17.

[8] Brendel (2002), S. 58 f.

4.3.3 Dimensionen der E-Business-Integration

Ausgehend von der unternehmensübergreifenden Strategie erfolgt die E-Business-Einführung unter Berücksichtigung der betrieblichen Dimensionen Organisation, Personal und Systeme. Dabei ist zu beachten, dass sowohl die Organisationsstrukturen als auch die Systemlandschaft eines Unternehmens die Wertschöpfung, die durch das Personal erzielt wird, stützen und schließlich steigern sollen.

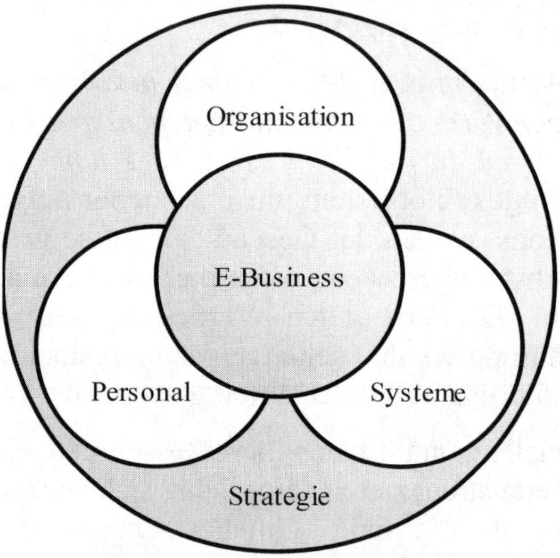

Abb. 4. Dimensionen der betrieblichen E-Business-Integration

Die Einführung einer E-Business-Anwendung kann als eine Anordnung in einem konkreten Handlungskontext bewertet werden. Dieser Handlungskontext erstreckt sich über die Beziehung zwischen dem handelnden Menschen, der Informationstechnologie, die er einsetzt, und den institutionellen Regeln der Organisation wie zum Beispiel Arbeitsanweisungen und Werte. *Aus der Perspektive eines strukturationstheoretischen Technologieverständnisses heraus betrachtet, werden die Handlungen der mit dem System arbeitenden Menschen von den institutionellen Eigenschaften und der Technologie bestimmt. Reflexiv haben jedoch auch die Handlungen, bestimmt durch die Möglichkeiten in der Technologie, Einfluss auf die institutionel-*

len Eigenschaften der Organisation.[9] Konkret bedeutet dies, dass Wechselwirkungen zwischen der Organisation, dem Personal und den Systemen eines Unternehmens bestehen.

Die Einführung einer E-Business-Anwendung muss hier als Möglichkeit begriffen werden, Synergiepotenziale insbesondere zwischen der Unternehmensorganisation und den Systemen aufzudecken und auszuschöpfen. In der Regel erfordert dies im Anschluss die Bereitschaft des Personals zur Veränderung betrieblicher Abläufe, das heißt zur Geschäftsprozessoptimierung. Soweit eine Gefährdung des Tagesgeschäfts ausgeschlossen werden kann, sollte die Geschäftsprozessoptimierung in einen Umsetzungsplan überführt werden.

Es müssen die Punkte benannt werden, an denen die E-Business-Anwendung die Geschäftsprozesse eines Unternehmens unter Berücksichtigung der vorhandenen Systeme am effektivsten unterstützen kann. Daraus können die zu implementierenden Anwendungskomponenten abgeleitet werden. Bei der anschließenden Einführung müssen die Funktionalitäten im Vordergrund stehen, die möglichst schnell einen Nutzen für die betroffenen Unternehmenseinheiten und Mitarbeiter sicherstellen. Die Implementierung anfangs nicht benötigter Funktionalitäten sollte zunächst zurückgestellt werden. So kann sichergestellt werden, dass die E-Business-Anwendung mit den Fähigkeiten des Personals sukzessive wächst und die Flexibilität der Organisation erhalten bleibt.[10]

4.3.4 Business Process Reengineering

Die Methode des Business Process Reengineering ist in kleinen und mittelständischen Unternehmen nicht im Sinne einer *Bombenwurfstrategie* anzuwenden. Vielmehr soll durch Business Process Reengineering ein Unternehmen auf eine mögliche prozessorganisatorische Neuorientierung untersucht werden, bei der bekannte Vorgehensweisen im Hinblick auf ihre Effektivität und Effizienz überprüft werden.

---

[9] Hertweck/Krcmar (2001).

[10] Vgl. Brendel (2002), S. 98.

Im ursprünglichen Sinne bedeutet die Anwendung des Business Process Reengineering eine Radikalkur für ein Unternehmen. *Alle Systeme können über Bord geworfen und Prozesse sowie Aktivitäten, die keinen Mehrwert schaffen, eliminiert werden.*[11] Dabei fordert die Theorie des Business Process Reengineering die verbesserte Einbindung der Mitarbeiter in das Unternehmen, die Neugestaltung von Geschäftsprozessen, das Ablegen herkömmlicher Denkmuster sowie eine Neustrukturierung des unternehmerischen Aktivitätenportfolios. In der unternehmerischen Praxis erwies sich die Anwendung des Business Process Reengineering allerdings nicht immer als erfolgreich. Studien berichten von Flopraten, die zwischen 50 und 75 Prozent liegen.

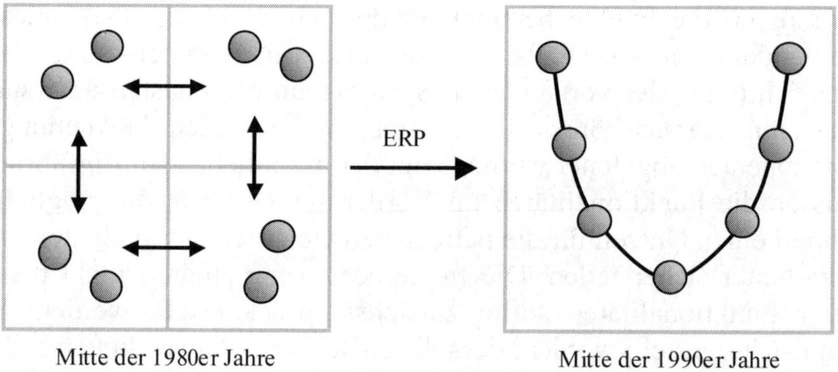

Abb. 5. Business Process Reengineering durch ERP[12]

Erst mit der Einführung von ERP-Systemen, die unternehmensweite Geschäftsprozesse auf einer einheitlichen Datenbasis abbilden, wurde die Theorie des Business Process Reengineering mit einem praxistauglichen Werkzeug untermauert. Allerdings beschränkte sich dabei die Prozessoptimierung auf unternehmensinterne Bereiche, so dass eine Verbesserung unternehmensübergreifender Abläufe nicht zwingend erreicht wurde. Im wesentlichen ging es bei der Einführung von ERP-Systemen um das Einreißen von Mauern zwischen Abteilungen.

---

[11] Werner (2002b). S. 46.
[12] Vgl. Hans/Köppen/Scheer (2001).

Im E-Business-Kontext gewinnt Business Process Reengineering allerdings eine völlig neue Bedeutung. Hier stehen Werkzeuge zur Verfügung, mit denen eine Optimierung unternehmensübergreifender Geschäftsprozesse möglich ist. *E-Business könnte der Katalysator für erfolgreiches Reengineering sein.*[13]

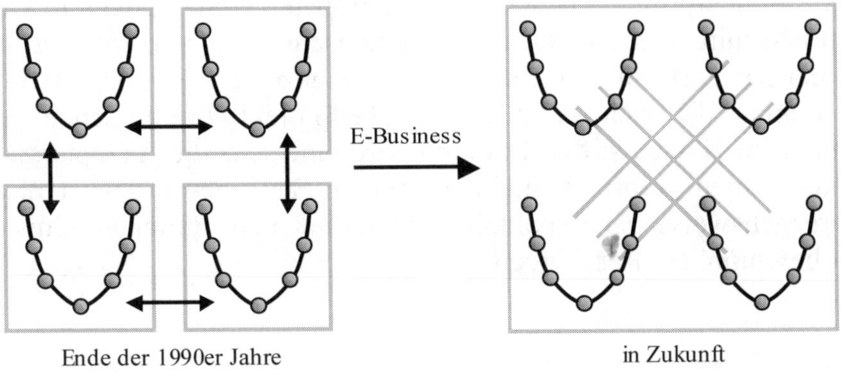

Abb. 6. Business Process Reengineering durch E-Business[14]

Die Veränderung der wirtschaftlichen Rahmenbedingungen wie globaler Wettbewerb, kürzere Produktlebenszyklen, steigende Kundenerwartungen und erhöhter Preisdruck wird für kleine und mittelständische Unternehmen massive Auswirkungen haben, so dass Anpassungen der betrieblichen Abläufe früher oder später ohnehin erforderlich sein werden. Die *Macher* einer Wertschöpfungskette werden versuchen, ihre Flexibilität auf Kosten der schwächeren Unternehmen in der Supply Chain zu erhöhen; sie werden ihre Machtstellung nutzen und die Rahmenbedingungen diktieren. Schließlich werden kleine und mittelständische Zulieferer in Zugzwang gesetzt; sie müssen sich in die Szenarien eingliedern, die von den Großunternehmen und Konzernen vorgegeben werden.

Auf diese Marktanforderungen werden nur solche Unternehmen schnell und flexibel reagieren können, die eine konsequente Prozessorientierung praktizieren. Deshalb kann nur eine prozessorientierte Organisation, die ihre betrieblichen Abläufe kontinuierlich auf

[13] Vgl. Klemm (2002).
[14] Vgl. Hans/Köppen/Scheer (2001).

ihr Optimierungspotenzial überprüft, langfristig wettbewerbsfähig bleiben und – vor allem auch in wirtschaftlich schwächeren Zeiten – Marktanteile gewinnen.

Die E-Business-Einführung muss als Chance begriffen werden, etablierte Vorgehensweisen im Hinblick auf ihre Effektivität und Effizienz zu überprüfen. Da der Wille zu großen Veränderungen in kleinen und mittelständischen Unternehmen nur bedingt vorhanden ist, ist bei der E-Business-Einführung eine sukzessive Vorgehensweise zu wählen, die nach Abschluss von Teilprojektschritten schnell erkennbaren Nutzen stiftet. Dadurch wird einerseits die Akzeptanz im Unternehmen gefördert; auf der anderen Seite gewährleistet diese Vorgehensweise bei maximaler Flexibilität den optimalen Einsatz der beschränkten Ressourcen.

5 Anwendungsbeispiele

Die bisherigen Ausführungen haben gezeigt, dass die Notwendigkeit für die Umsetzung digitaler Business-Strategien im Mittelstand vorhanden ist. Gleichzeitig aber ist die Verbreitung von E-Business im Mittelstand bis heute deutlich geringer als in Großunternehmen und Konzernen. Ein Grund dafür ist in der mangelnden Bereitschaft der Unternehmen zur Veränderung betrieblicher Abläufe, die mit der E-Business-Einführung verbunden ist, zu sehen. Oft fehlen aber auch die nötigen Methoden und Werkzeuge für eine erfolgreiche Projektumsetzung.

Die folgenden fünf Anwendungsbeispiele zeigen die Einsatz- und Nutzenpotenziale, die mit der digitalen Abbildung von Geschäftsprozessen auf Basis moderner Informations- und Kommunikationstechnologie verbunden sind. Dabei werden Erfolgsfaktoren und Vorgehensweisen beschrieben, die für die ergebnisorientierte Projektumsetzung jeweils maßgeblich waren.

5.1 Fallstudie GFT

Innerhalb von neuen Monaten hat die Einkaufsgenossenschaft GFT ein neues ERP-System eingeführt, das die Bestellabwicklung von rund 300.000 verschiedenen Artikeln unterstützt. Sämtliche Geschäftsprozesse in den Bereichen Finanzbuchhaltung, Einkauf und Vertrieb werden auf Basis der Software abgebildet. Aus den Bestellungen von Genossenschaftsmitgliedern werden automatisch Aufträge generiert, die wiederum die Basis für die anschließende Lieferungs- und Rechnungserstellung bildet. Per Internet können die Mitglieder Auswertungen und den aktuellen Auftragsstatus abrufen. Das System bietet außerdem die Möglichkeit zur Anbindung eines Online-Shops.

5.1.1 GFT im Überblick

Die GFT Gemeinschaft Fernmelde-Technik eG ist eine eingetragene Genossenschaft. Der Mitgliederstand hat sich seit der Gründung kontinuierlich vermehrt und liegt heute bei rund 200 mittelständischen Systemhäusern, die mit über 7.000 Mitarbeitern einen Außenumsatz von rund einer Milliarde Euro erwirtschaften. In der Geschäftsstelle in Hilden sind 30 Mitarbeiter beschäftigt. GFT versteht sich als Dienstleistungsverbund mit dem Schwerpunkt Einkauf. Das Geschäftsfeld Informationstechnik und Telekommunikation macht den weitaus größten Teil des Umsatzes aus. Langjährige Lieferanten sind Siemens und Alcatel.

www.gft-eg.de

5.1.2 Implementierung eines neuen ERP-Systems

Ein Ratespiel: Wer kauft viel ein und hat doch nichts wirklich eingekauft? Antwort: die GFT Gemeinschaft Fernmelde-Technik eG. Die Einkaufsgenossenschaft kauft eigentlich selbst keine Ware ein. Der Verbund ist lediglich Mittler zwischen den Mitgliedern und den Lieferanten. Bestellt ein Mitglied einen Artikel, etwa eine Telefonanlage, geht die Bestellung zwar bei GFT ein, diese leitet sie aber direkt an den Hersteller weiter. Die Ware geht unmittelbar an das Mitglied, die Rechnung nach dem Prinzip „Wer bestellt, bezahlt" zunächst an GFT, die die Rechnung dann aber an das Mitglied weiterleitet. Warum der Umweg? Der Verbund verfügt über bessere Einkaufskonditionen als das Einzelmitglied. Rahmenverträge mit den Herstellern bringen ihm deutliche Vorteile. Warenrückvergütungen und Boni, die die Genossenschaft aufgrund des hohen Bestellvolumens von den Lieferanten erhält, werden an die Mitglieder ausgeschüttet.

Im März fiel bei GFT die wegweisende Entscheidung: „Wir wollen eine gemeinsame Einkaufsplattform für unsere Kunden und Lieferanten." Die Gespräche zwischen dem Ulmer Softwareanbieter Wilken und GFT waren von Beginn an von Klarheit geprägt. Die Einkaufsgenossenschaft wollte ihr altes Unix-System, das nicht mehr über eine zeitgemäße Oberfläche verfügte, durch eine datenbankorientierte Software ablösen, die den Mitgliedern der Gemeinschaft übers Internet einen direkten und aktuellen Zugang zu Auswertungen bietet. Außerdem sollte sie einen Online-Shop anbinden können, eine offene Systemarchitektur aufweisen und Schnittstellen zu Lieferanten bieten. Alle Anforderungen goss die GFT in ein Pflichtenheft, das sich für beide Seiten als gewinnbringend erwies. Auch in Sachen Realisierung machte GFT klare Vorgaben: Binnen neun Monaten, bis zum 1. Januar des Folgejahres sollte alles fertig sein.

Zur systematischen Abwicklung des Kundenauftrags gliederte Wilken das Projekt in Phasen. Der Terminplan war eng gesteckt. Zwischen April und Juli erfolgte die Installation der Software-Module Vertrieb, Einkauf und Finanzbuchhaltung. Die Materialwirtschaft bildet mit den anderen genannten Modulen eine Einheit. Eine doppelte oder gar dreifache Datenhaltung war dementsprechend nicht nötig. Mit der Umsetzung betraute Wilken zwei Berater: einen für das Rechnungswesen, einen für die Materialwirtschaft sowie fünf Entwickler. Auf GFT-Seite waren es der IT-Beauftragte, die Buchhalterin, ein für die operativen Themen zuständiger Mitarbeiter sowie der kaufmännische Leiter als übergeordneter Ansprechpartner. Der Anwender leistete nötige Vorarbeiten, auf deren Grundlage seitens Wilken ein umfassendes Detailkonzept entstand. Gemäß diesem erfolgte dann die zusätzliche Programmierung und die Parametrisierung der Software.

Im weiteren Verlauf testete GFT die Programme und gab sie nacheinander frei. Im August konnte so das Produktivsystem eingerichtet werden, bis September folgte die Sonderprogrammierung Teil I mit den Grundfunktionen für die operative Abwicklung, bis November Teil II mit den Add-ons und Statistiken. Die Migration auf das Testsystem und die Systemabnahme lag dann wiederum auf GFT-Seite, so dass Wilken bis Dezember die Schulungen und bis zum Start im Januar die Migration auf das Produktivsystem fertig stellen konnte. Der Produktivstart des Rechnungswesens erfolgte zum 2. Januar. Danach kam die Implementierung weiterer Funktionen, die auf den konkreten Bedarf abgestimmt wurden.

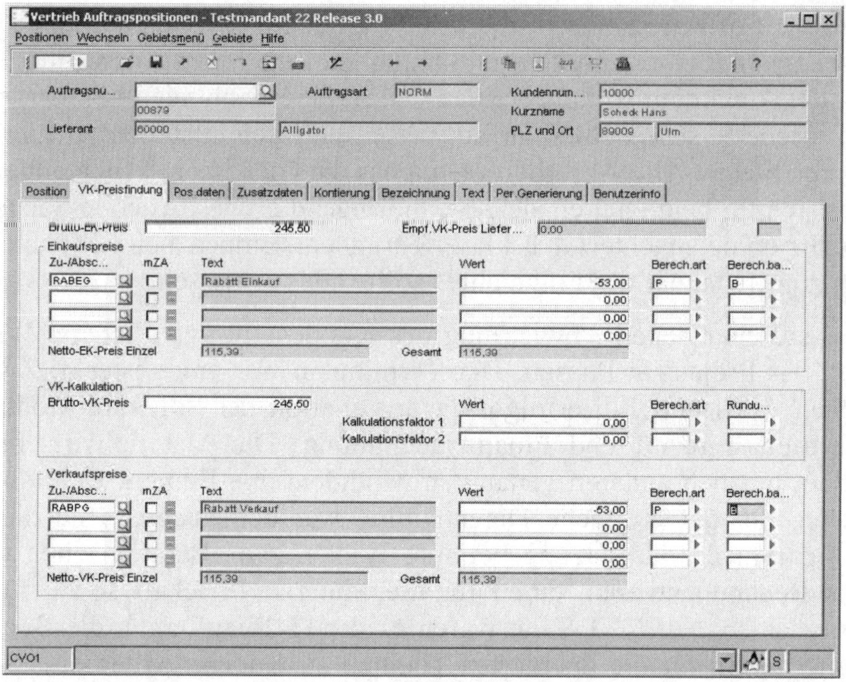

Abb. 1. Mit der ERP-Software von Wilken kann die Einkaufgenossenschaft GFT über einen Auftrag sämtliche Bestell- und Abrechnungsfunktionen steuern

„Um den Bestellvorgang optimal abzubilden, war es notwendig, den Einkauf mit dem Vertrieb zu verbinden“, deutet Wilken-Projektleiter Peter Hauser das Lösungsprinzip an. Das installierte Warenwirtschaftssystem funktioniert in den Grundzügen so: Die Bestelldaten eines Mitglieds werden über ein Import-Modul aufgenommen, das die Daten Eins zu Eins in die Auftrags- und Bestellgenerierung weiter gibt. Es ist das zentrale Auftragserfassungs- und Fakturierungssystem von GFT. Aus der Bestellung wird dabei automatisch ein „Auftrag“ generiert, daraus die „Lieferung“ und „Rechnung“ für das Mitglied. Parallel dient der „Auftrag“ auch als Basis für die maschinelle Generierung der „Bestellung“ an den Lieferanten, sofern GFT den Bestellvorgang als Dienstleistung für das Mitglied übernimmt. Das heißt: Über nur einen Auftrag werden alle Bestell- und Abrechnungsfunktionen gesteuert.

Erfasste Aufträge bilden die Basis für die Lieferung und Faktura. Die Auslieferung der Ware erfolgt direkt vom Lieferanten an das

Mitglied. Die Lieferungs- und Rechnungserstellung wird auf Basis des gespeicherten Auftrages vollzogen. Auslöser hierfür ist der Eingang des Lieferscheines oder die Rechnung vom Lieferanten. Im Modul „Rechnungsprüfung“ werden die Daten der Bestellung und des Wareneingangs zusammengeführt und mit Daten der Rechnung verglichen. Die fälligen Forderungen werden bei den Mitgliedern von GFT eingezogen.

GFT-Projektleiter Norbert Luchtenberg, heute kaufmännischer Vorstand, sieht Vorteile des neuen Systems auf Kunden- und Lieferantenseite ebenso wie bei GFT selbst, wobei sich beides ergänze. „Für unsere tägliche Arbeit sehe ich Verbesserungen bei der Funktionalität der Software, der Transparenz der Daten und dem Zusammenwirken mit einem dynamischen Content-Management-System.“ Zum Beleg der neuen Möglichkeiten durch die Wilken-Software führt Luchtenberg etwa die Exportfunktion an. „Will ich mir Umsätze anschauen, dann kann ich sie ganz einfach über die rechte Maustaste direkt in Excel exportieren. Man kann automatisch Bestellungen der Mitglieder einspielen und automatisch daraus wieder eine Bestellung bei einem Lieferanten erzeugen. Das geht jetzt alles per Mausklick, was früher händisch sehr viel länger gedauert hat.“

Die Daten von rund 300.000 Artikeln im Bestellangebot stellt die GFT auch ihren Kunden zur Verfügung. „Da ist vieles einfacher und transparenter geworden.“ Was das Zusammenwirken mit dem hauseigenen Content-Mangement-System angeht, verweist Luchtenberg darauf, dass alle Daten aus der ERP-Software kommen. Hier setzen nach seinen Worten die Vorteile für die Kunden an.

Nach Angaben des GFT-Vorstandsmitglieds können die Mitglieder etwa in der Rubrik „Auswertungen“ anhand von Statistiken Aufträge bis auf Artikelebene verfolgen. Außerdem sei es möglich, sich einen Überblick über den Umsatz nach Produktgruppen im Vergleich zum Vorjahr und im Vergleich zum Gesamtumsatz der GFT zu verschaffen. Die Einkaufsgenossenschaft stellt auf der firmeneigenen Internetseite sämtliche Artikeldaten mit Preisen zur Verfügung. Somit hat das Mitglied die Möglichkeit, veränderte, neue oder gelöschte Artikel in seinem Datenbestand zu aktualisieren. Die Software ist in der Lage, den GFT-Mitgliedern alle fünf Minuten online in der Internet-Datenbank aktuelle Auswertungen zur Verfügung zu stellen. „Wir ziehen bei allen Kunden die Rechnungen automatisch ein. Da geht es teilweise um wirklich große Beträge. Früher haben wir einmal in der Woche eine Liste verschickt, die Rechnungen des aktuellen Bankeinzugs beinhaltete. Heute können unsere Kunden das tagesaktuell bei uns im Internet einsehen."

Ein anderes Beispiel: Ein Mitglied hat ein Lieferantengespräch und will wissen, was er eigentlich alles bei dem Lieferanten gekauft hat und welche Bonusansprüche er bisher erzielt hat. Auch diese Informationen können jetzt im Netz abgerufen werden. „Durch die Wilken-ERP-Lösung können wir unseren Kunden heute diese Annehmlichkeiten bieten, die mehr und mehr zur Selbstverständlichkeit werden."

Fazit: Gesucht war ein Warenwirtschaftssystem für die Erstellung von Aufträgen und Rechnungen mit Internet-Anbindung. Im Resümee sieht die GFT das Wilken-Projekt als vollen Erfolg an. Zunächst einmal habe Wilken pünktlich und zuverlässig gearbeitet. „Der Zeitplan ist penibel eingehalten worden." Pünktlichkeit und Liefertreue sind für die GFT Kernkompetenzen. „Wir produzieren jeden Tag Rechnungen. Wir leben davon, dass wir einmal in der Woche unser Geld einholen und unsere Zahlungen pünktlich leisten." Die Integrationsplattform funktioniert, weil das Warenwirtschaftssystem mit dem Rechnungswesen verbunden ist. So werden beispielsweise zum Abschluss des Kreislaufes die Rechnungen direkt an die Finanzbuchhaltung übergeben.

Die Material- und Warenwirtschaft gewährt eine Komplettsicht auf alle Daten. Und das System wird angenommen: Allein im ersten Jahr der neuen Plattform sind über 200.000 Bestellpositionen abgewickelt worden. Tendenz steigend. Für die heutigen Anforderungen des E-Business sieht sich GFT gut aufgestellt. Die damalige Entscheidung sei „der richtige Schritt zum richtigen Zeitpunkt" gewesen. „Alles, was heute mittlerweile Standard ist, haben wir schon 2001 auf den Weg gebracht. Bei unseren 200 Kunden kommt die Integrationsplattform immer besser an. Damals war dies so kaum abzusehen. Wir haben strategisch richtig gehandelt und aufs richtige Pferd gesetzt."

Bei der Projekteinführung selbst kommt es laut Luchtenberg sehr stark darauf an, ob die Chemie zwischen den internen Mitarbeitern und den externen Beratern stimmt. Im Anschluss an das erfolgreich eingeführte System bedankte sich der Projektleiter denn auch bei den Wilken-Mitarbeitern. „Die waren generell immer erreichbar und zur Einführung am 1. Januar wirklich praktisch Tag und Nacht da, für den Fall, dass ein Bankeinzug nicht geklappt hätte.“ Gerade dieses enge Zusammenarbeiten mit einem Partner, dem man vertrauen und auf den man sich im Ernstfall verlassen kann, ist verantwortlich für Erfolg oder Misserfolg eines IT-Projektes. Denn ein Mittelständler wie die GFT hat weder die IT-Kompetenz noch die eigenen Personalressourcen, um eine solch geschäftskritische Umstellung alleine zu bewältigen. Da ist es für ihn umso wichtiger, sich mit dem Softwarepartner auf Augenhöhe zu unterhalten und zu wissen, dass man als Kunde nicht nur einer von Tausenden ist.

5.1.3 ERP-Softwareanbieter Wilken

Die Mitarbeiter der Wilken Gruppe in Ulm und im Schweizer St. Gallen erstellen seit über 25 Jahren betriebswirtschaftliche Software. Wilken-ERP-Anwendungen für Finanz- und Rechnungswesen, Material- und Warenwirtschaft, Controlling, Energieabrechnung oder die eigenen Openshop-Lösungen für das E-Business sind über 1.500 Mal im Einsatz. Sie laufen auf allen Plattformen und Betriebssystemen. Bestehende und künftige Anwendungen lassen sich dadurch leicht integrieren. Referenzkunden sind unter anderem die Bundesversicherungsanstalt für Angestellte (BfA) in Berlin, das Schweizer Finanzministerium, die Charles Vögele Trading, Lufthansa AirPlus, Schlecker sowie 130 Stadtwerke.

www.wilken.de

5.2 Fallstudie Intersport

Die führende Verbundgruppe von Sportfachhändlern Intersport setzt auf innovative E-Business-Szenarien. Jüngstes Projekt war die Einführung von mySAP CRM Mobile Sales. Sämtliche im Außendienst tätigen Regionalleiter von Intersport sind nun an die IT-Landschaft angebunden. Die Regionalleiter können beim Sportfachhändler auf aktuelle, einheitliche Daten aus den zentralen Systemen für das Enterprise Resource Planning (ERP), das Business Warehouse (BW) und das Customer Relationship Management (CRM) zurückgreifen. So kann Intersport seinen Mitgliedern eine aktuelle, fundierte und umfassende Handelsberatung vor Ort gewährleisten.

5.2.1 Intersport im Überblick

Die Intersport Deutschland eG mit Sitz in Heilbronn ist die größte mittelständische Verbundgruppe im deutschen und europäischen Sportfachhandel. In ihr sind in Deutschland rund 1.300 Mitglieder zusammengeschlossen, zu denen 1.620 Sportgeschäfte gehören. Das Unternehmen erwirtschaftete im Geschäftsjahr 2003 einen Umsatz von 2,21 Milliarden Euro zu Endverbraucherpreisen. Weltweit ist Intersport die führende Marke des Sportfachhandels und zählt insgesamt 4.700 Sportgeschäfte in 25 Ländern.

www.intersport.de

5.2.2 Einführung einer mobilen CRM-Lösung

Um die marktführende Position im deutschen Sportfachhandel weiter zu stärken und auszubauen, setzt Intersport konsequent auf Innovationen. Im Fokus des Sportartikel-Einkaufsverbunds stehen dabei nicht nur innovative Modetrends, Sportprodukte und -artikel, eigene Exklusivmarken sowie ein umfassendes Sortiment, sondern vielmehr auch moderne und effiziente Geschäftsprozesse – egal, ob es um die Beschaffung, die Logistik oder die Administration geht. Sämtliche unternehmensinternen und zunehmend auch unternehmensübergreifende Geschäftsprozesse werden von modernster Informationstechnologie abgebildet und unterstützt.

Die Grundlagen für eine moderne, ausbaufähige IT-Systemlandschaft legte Intersport im Jahr 2001 mit der Einführung der Branchenlösung SAP for Retail und der Lösung für das strategische Unternehmensmanagement SAP Business Information Warehouse (SAP BW). Mit der integrierten SAP-Lösung ist es Intersport gelungen, die Anforderungen an Kommunikation und E-Business mit den Geschäftspartnern, an verbesserte Mitgliederbindung und optimierten Kundenservice umzusetzen. Dabei deckt SAP for Retail die speziellen Fashion-Anforderungen des Sportartikel-Einkaufsverbundes optimal ab.

So werden unter anderem der komplette Warenbestand von über 20.000 Artikeln in meist unterschiedlichen Farben und Größen automatisch verwaltet und kontrolliert sowie sämtliche Warenwirtschaftsprozesse unterstützt. Der Unternehmensbereich Zentralregulierung ist in SAP BW Agency Business abgebildet. Im SAP BW steht für den Unternehmensbereich Zentralregulierung vordefinierter Business-Content zur Verfügung. SAP BW bietet die beste Ausgangsposition zur Kontrolle, Steuerung und Optimierung in allen Bereichen, indem verfügbare Informationen verdichtet und als Entscheidungsgrundlage aufbereitet werden. Der Sportartikel-Einkaufsverbund kann so nicht nur interne Auswertungen für die Bereiche Vorstand, Controlling und Einkauf vornehmen, sondern auch die Bewegungen am Markt genau analysieren und schnell reagieren, um so mögliche Wettbewerbsvorteile zu nutzen.

Eine Schlüsselposition in der Beziehung zwischen Intersport und seinen Mitgliedern nehmen die Regionalleiter im Außendienst als direkte Ansprechpartner für die Sportfachhändler ein. Um die Regionalleiter bei ihrer Beratungs- und Betreuungsaufgabe der Sportfachhändler noch besser zu unterstützen, suchte der Sportartikel-Einkaufsverbund auch hierfür nach einer innovativen IT-Lösung. Ziel war es, den Regionalleitern sämtliche Informationen unabhängig von Ort und Zeit zur Verfügung zu stellen. Zudem sollte die Qualität und Aktualität der Beratung für die Sportfachhändler gesteigert und die Geschäftsprozesse mit den Regionalleitern und den Sportfachhändlern weiter optimiert werden.

Letztlich wollte Intersport mit der IT-Lösung einen weiteren Beitrag dazu leisten, den Wettbewerbsvorsprung zu stärken und die Marktführerschaft weiter auszubauen. Der Sportartikel-Einkaufsverbund entschied sich bei diesem Anforderungskatalog im April 2003, die Lösung mySAP CRM Mobile Sales einzuführen und diese in die bereits eingesetzten Lösungen SAP for Retail und SAP BW zu integrieren. Ausschlaggebend für die Entscheidung war auch, dass Intersport so die Integrationsvorteile einer homogenen Software landschaft nutzen und dadurch die eingeschlagene SAP-Strategie konsequent fortführen konnte.

Die Hauptanforderung an die mobile Anwendung war, den im Außendienst tätigen Regionalleitern von Intersport einen Zugriff auf sämtliche notwendigen Informationen der zentralen Datenbanken zu gewährleisten. Die Regionalleiter sollten von nahezu überall auf die Daten und Informationen zugreifen können, um sich optimal auf die Gespräche mit den Sportfachhändlern vorzubereiten. Zudem sollten die Regionalleiter mit der mobilen Lösung sämtliche Aktivitäten, Absatzmöglichkeiten und Aufträge managen sowie die Mitglieder- und Wettbewerberdaten verwalten können. Auf den Punkt gebracht galt es, den Regionalleitern ein fast vollfunktionsfähiges mobiles Büro zur Verfügung zu stellen. Für die effektive Handhabung der mobilen Lösung standen im Fachkonzept neben einer leichten Bedienbarkeit und Übersichtlichkeit auch Automatismen bei der Dokumentenverwaltung. Weitere wichtige Anforderungen waren die enge Verzahnung mit Microsoft Outlook und die Unterstützung mobiler Endgeräte.

Über ihr Notebook können die Regionalleiter heute in Echtzeit auf die aktuellen Daten aus dem CRM-System zugreifen und diese synchronisieren. Sie erhalten nicht nur Daten wie aktuelle Verkaufszahlen oder Auftragsbestände, sondern können auch zusätzliche Informationen wie den aktuellen Stand von Bestellaufträgen abrufen. Darüber hinaus können die Daten aus dem Notebook auch auf einen Personal Digital Assistent (PDA) übertragen werden, damit den Anwendern wichtige Informationen wie Mitgliederkontakte oder Termine zu jeder Zeit und an jedem Ort zur Verfügung stehen.

Allen Mitarbeitern mit Zugriffsrechten stehen somit Daten und Informationen der Mitglieder wie Buchhaltungsdaten, Werbemaßnahmen oder Schulungsmaßnahmen immer aktuell auf dem Notebook zur Verfügung. Dadurch ist allen Mitarbeitern auch bekannt, in welcher Phase sich eine Geschäftsbeziehung befindet, welche Aktivitäten bereits durchgeführt wurden und welche Folgemaßnahmen noch notwendig sind. Mit der verbesserten Anbindung können nunmehr die aktuellen Informationen der Regionalleiter auch optimal in der Zentrale – beispielsweise für zielgerichtete Kampagnen – genutzt werden. So sind für die Regionalleiter die optimalen Voraussetzungen geschaffen, um mobil zu arbeiten und immer und von überall die bestmöglichen Entscheidungen zu treffen.

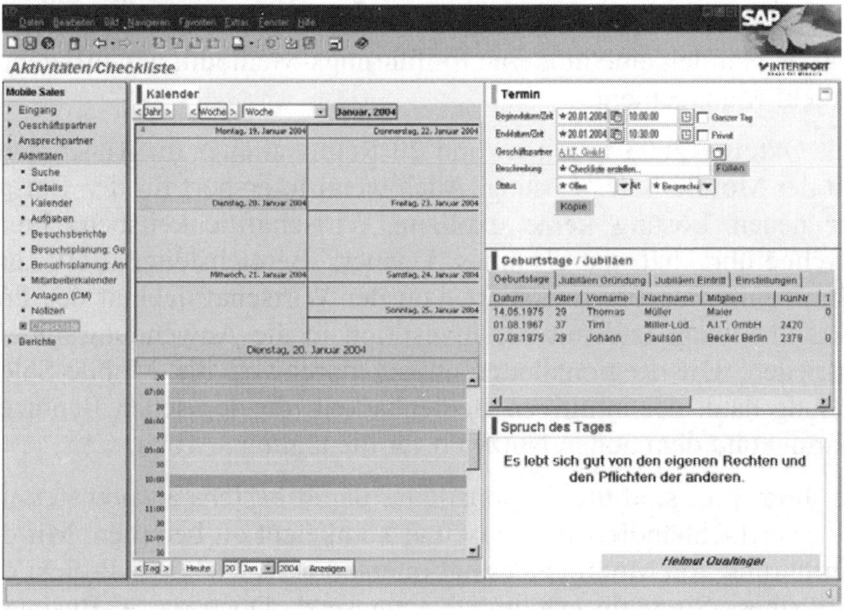

Abb. 2. Mit der auf mySAP CRM basierenden mobilen Lösung können Vertriebsmitarbeiter Informationen aus internen Systemen von unterwegs abrufen

Die Einführung der Mobile-Sales-Lösung bei Intersport erfolgte durch das SAP-Systemhaus Steeb Anwendungssysteme GmbH. Das Projekt startete im Mai 2003. Das Projektteam setzte sich aus vier Key-Usern von Intersport, einem Mitarbeiter der Intersport IT sowie zwei Mitarbeitern von Steeb zusammen. In mehreren Workshops hat das Team unter der Leitung des Steeb-Projektverantwortlichen messbare Projektziele erstellt und die Ergebnisse dokumentiert.

Nach einer ausführlichen Konzeption wurden zuerst die Stammdaten und Zusatzinformationen aus der Branchenlösung SAP for Retail sowie aus dem bisherigen CRM-System, das auch aufgrund mangelnder Integrationsfähigkeit abgelöst wurde, in das neue mySAP CRM-System übernommen, verdichtet und qualitativ verbessert. Anschließend wurde das neue CRM-System an alle weiteren IT-Systeme wie das SAP Business Information Warehouse angebunden sowie das bisher eingesetzte CRM-System abgelöst. Die Einführung von mySAP CRM Mobile Sales dauerte inklusive Datenübernahme rund fünf Monate. Damit lag die Einführung sowohl in der zeitlichen Planung als auch im kalkulierten Budget. Die Berater von Steeb überzeugten bei dem Projekt durch umfassendes Branchenwissen über den Handel, eine moderne Einführungs-Methodik und effizientes Projekt-Management.

Seit Oktober 2003 arbeiten rund 20 Regionalleiter im Außendienst mit der Mobile-Sales-Lösung. Auch wenn Intersport für den Einsatz der neuen Lösung keine explizite Wirtschaftlichkeitsbetrachtung durchgeführt hat, ist Thomas Danner, Bereichsleiter EDV und Kommunikation bei Intersport, von der Wirtschaftlichkeit des Projekts überzeugt und mit der Investition in die Anwendung äußerst zufrieden. Die Regionalleiter nutzen durchweg die Mobile-Sales-Lösung dank der intuitiven Bedienbarkeit, der logischen Benutzerführung und dem hohen Nutzwert für die tägliche Arbeit.

Bei Intersport sind die Regionalleiter damit bestens ausgerüstet, um die Sportfachhändler innovativ und kompetent zu betreuen. Mit der Einführung von Mobile Sales hat Intersport ein wichtiges Projekt der E-Business-Strategie erfolgreich umgesetzt. Doch das E-Business-Szenario wird konsequent weiter ausgebaut: Nach dem Mobile-Sales-Projekt hat der Sportartikel-Einkaufsverbund ein Portal-Projekt aufgesetzt.

5.2.3 SAP-Systemhaus Steeb

Steeb Anwendungssysteme GmbH mit Sitz in Abstatt bei Heilbronn zählt mit rund 600 mittelständischen Kunden zu den führenden SAP-Systemhäusern und den größten AS/400-Softwarehäusern in Deutschland. Der IT-Lösungsanbieter unterstützt seine Kunden mit einem umfangreichen Dienstleistungsangebot. Branchenschwerpunkte sind die Fertigungsindustrie, der Großhandel, sowie die

Dienstleistungsbranche. Im Geschäftsjahr 2002 erwirtschaftete das hundertprozentige SAP-Tochterunternehmen einen Umsatz von 42,7 Millionen Euro und beschäftigte rund 220 Mitarbeiter.

www.steeb.de

5.3 Fallstudie Solarlux

Verschiedene Insellösungen, die einen übergreifenden Daten- und Informationsaustausch verhinderten, erschwerten zunehmend die Unternehmenssteuerung bei Solarlux. Abhilfe schaffte die ERP-Lösung P2plus. Standardisierte Technologien wie XML-Webservices minimieren die Schnittstellenprobleme und sorgen auf Basis der .NET-Plattform von Microsoft für transparentere und optimierte Geschäftsprozesse. Die Integration des Managementinformationssystem- und CRM-Moduls ermöglicht eine effizientere Unternehmenssteuerung.

5.3.1 Solarlux im Überblick

Die Solarlux Aluminium Systeme GmbH hat sich seit ihrer Gründung im Jahr 1983 zu einem international tätigen Unternehmen entwickelt. Heute gilt Solarlux mit 260 Mitarbeitern und Sitz in Bissendorf bei Osnabrück als einer der weltweit führenden Anbieter von Falt- und Schiebesystemen aus Aluminium, Holz und der Materialkombination aus beiden Werkstoffen. Die Grundidee aller Systeme sind Faltelemente, die sich einfach und platzsparend zusammenfalten oder -schieben lassen.

www.solarlux.de

5.3.2 Modernisierung der Softwarelandschaft

Die Solarlux Aluminium Systeme GmbH öffnet mit ihren Falt- und Schiebesystemen die gläsernen Fassaden von Wintergärten, Balkonen oder Eingangsbereichen und sorgt bei ihren Kunden für ein völlig neues Raumgefühl. Den glasklaren Produkten stand jedoch eine gewisse Intransparenz der eigenen Geschäftsprozesse gegenüber. Die teilweise mangelnde Informationsqualität in vielen Abteilungen erschwerte die zielorientierte Steuerung des Unternehmens mit Sitz in Bissendorf bei Osnabrück und seiner Tochtergesellschaften. Die Einführung des ERP-Systems P2plus der Karlsruher AP AG bietet Solarlux hier konkrete und effiziente Unterstützung. Das System ermöglicht auf Basis der .NET-Plattform von Microsoft die nahtlose Abbildung der Geschäftsprozesse.

Solarlux erfüllt mit seinen weltweit 260 Mitarbeitern kleine und größere Träume: sei es der eigene Wintergarten oder die Wohnraumvergrößerung durch die Verglasung von Balkonen. Der Hersteller von Falt- und Schiebeelementen erhöht zudem die Repräsentanz von Privat- oder Geschäftsgebäuden durch innovative Glas-Faltwände, mit denen Fronten ganz oder teilweise zur Seite geschoben werden können. Der Hersteller unterhält eigene Tochtergesellschaften in den Niederlanden, Großbritannien, der Schweiz, Frankreich, Polen sowie Japan. Die Expansion in die USA ist fest geplant.

Alle Falt- und Schiebesysteme werden entsprechend der jeweiligen Kundenanforderungen und -wünsche individuell produziert. Kein Auftrag gleicht dem anderen. Die Abbildung dieser Prozesse erfordert eine hohe Flexibilität der eingesetzten Softwarelösungen insbesondere bei der Materialdisposition und der Ermittlung der Arbeitszeiten. Solarlux beschäftigt sieben Mitarbeiter im EDV-Bereich, die über lange Zeit verschiedene, meist selbst entwickelte Softwarelösungen parallel zu dem schnellen Unternehmenswachstum weiter entwickelt haben. „Oftmals wurde mehr oder weniger auf Zuruf entwickelt", berichtet Stefan Holtgreife, Assistent der Geschäftsführung bei Solarlux. „Das hat von der Funktionalität dann auch immer wieder gepasst, aber ein Ende der Administrierbarkeit der verschiedenen Insellösungen war auf Dauer einfach abzusehen."

Die Konsequenzen wurden mit jedem weiteren Wachstumsschritt des Unternehmens deutlicher: Da die verschiedenen Insellösungen, davon einige auf Basis von Microsoft Excel, kaum miteinander verknüpft waren, fehlten wichtige Kennzahlen aus den einzelnen Abteilungen. So wurde das Material mehr oder weniger nach Gefühl disponiert und die Nachkalkulation der einzelnen Projekte anhand von Stichproben vorgenommen. Berechnungen der Rentabilität einzelner Produktlinien oder Aufträge waren nur in Stichproben durchführbar.

Zugleich erschwerten die vielen Insellösungen die Entwicklung und den Einsatz eines übergeordneten Controllingsystems und damit eine übergreifende und effiziente Unternehmenssteuerung. Entsprechende Entwicklungspläne existierten, wurden aber, trotz der leistungsfähigen EDV-Abteilung im Haus, nach einem halben Jahr aufgrund des enormen Schnittstellenaufwands verworfen.

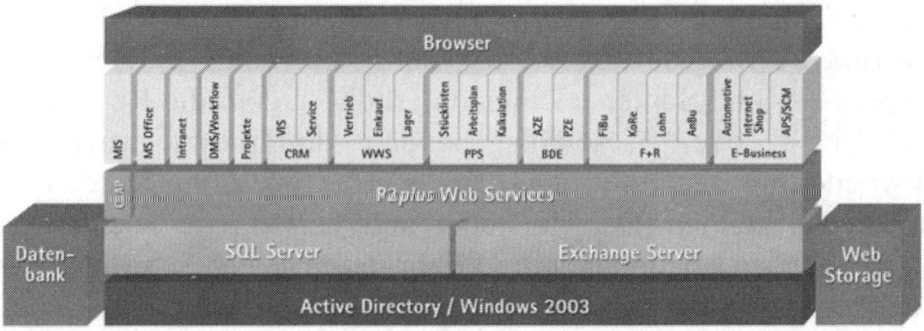

Abb. 3. P2plus integriert erweiterte ERP-Funktionalität auf Basis von .NET und XML-Webservices in einer einheitlichen Systemstruktur und Benutzeroberfläche

Um weiteres Wachstum nicht zu gefährden, entschloss sich Solarlux zur Einführung einer integrierten ERP-Lösung.

Das Anforderungsprofil ergab sich aus der in vielen Bereichen realisierten guten Funktionalität der eigenen Softwarelösungen und deren Defiziten bei der Materialdisposition, Nachkalkulation sowie dem Daten- und Informationsaustausch. Wichtig war die Flexibilität der neuen Lösung. Diese sollte sich an die eigenen Anforderungen anpassen lassen und zugleich von den hausinternen EDV-Kräften selbst weiter angepasst werden können. Zudem musste sie die Möglichkeit bieten, die eigenen Prozesse mit Hilfe der Software zu optimieren. „Unser Ziel war das Business Process Reengineering aller Geschäftsprozesse“, verdeutlicht Stefan Holtgreife. „Wir wollten die Einführung der neuen Software dazu nutzen, unsere Prozesse unternehmensübergreifend besser aufeinander abzustimmen und schlanker, transparenter und damit effizienter zu gestalten.“ Die Unternehmenssteuerung sollte durch ein Managementinformationssystem (MIS) vereinfacht werden.

Eine weitere Anforderung war eine exakte Ermittlung der Materialbedarfe für die einzelnen Aufträge, um die Disposition zu erleichtern und eine schlankere Lagerhaltung zu erreichen. Damit würde zugleich eine höhere Kapazitätsauslastung erzielt. Wichtig war die Nachkalkulation auf Auftrags- und Positionsebene. Ein weiteres zentrales Kriterium bestand in der XML-Fähigkeit der neuen ERP-Lösung. Diese war Voraussetzung dafür, dass die Daten aus dem selbstentwickelten Konstruktionsprogramm X-CAD übergeben werden können. Um zukünftige Schnittstellenprobleme zu vermeiden, hatten die EDV-Mitarbeiter des Unternehmens den Datenexport aus X-CAD bereits auf das XML-Format umgestellt.

Im Auswahlverfahren setzte sich die Karlsruher AP AG mit der ERP-Lösung P2plus durch. „Im Unterschied zu den meisten anderen Lösungen sind bei P2plus bereits alle erweiterten Funktionen durchgängig in eine einheitliche und moderne Systemarchitektur integriert", erklärt Stefan Holtgreife, Projektleiter für die Einführung bei Solarlux. „Der komplette Daten- und Informationsaustausch in P2plus wird bereits über XML-Webservices auf Basis der .NET-Plattform von Microsoft abgewickelt." Anwender greifen ausschließlich über den Internet Explorer auf alle Funktionen wie CRM, MIS oder Intranet zu. Weitere Installationen sind auf den Clients nicht erforderlich. Updates, Administration und Wartung erfolgen über die Server. Diese moderne Architektur erleichtert zugleich die Anbindung von Außendienstmitarbeitern und Niederlassungen. Dabei greifen alle Anwender weltweit auf die zentralen Server und P2plus-Daten in Bissendorf zu. Ebenfalls per Browser rufen Kunden aktuelle Auftragsinformationen über ein Extranet ab.

Zuerst führte Solarlux die Module PPS und Warenwirtschaft ein. Dass dabei einige kleinere Kinderkrankheiten auftraten, hatte die gemeinsame Projektleitung von Anfang an einkalkuliert, da eine Reihe von Anpassungen notwendig waren, um die spezielle Belange von Solarlux eins zu eins abzubilden. Das gute Zusammenspiel des Projektteams der AP AG und der hauseigenen EDV-Abteilung sorgte dafür, dass auftretende Probleme immer schnell behoben werden konnten.

Ein großer Vorteil von P2plus besteht für Anwender darin, dass sie die Entwicklungsumgebung Visual Studio .NET zusammen mit der Lösung erhalten. Diese und der offene Source-Code erleichtern eigenständige Anpassungen enorm. Solarlux konnte über die Entwicklungsumgebung und die .NET-Objektklassen seine Materialdisposition vollständig automatisieren. Daten aus externen Systemen, wie dem Konstruktionsprogramm X-CAD, der selbstentwickelten Software für den Zuschnitt der Falt- und Schiebesystemelemente, oder der Scanner-Applikation können so direkt in P2plus übernommen und weiterverarbeitet werden. Sämtliche Daten sind dabei hinterlegt und mit Hilfe der .NET-Objektklassen wird im Dispositionsprozess jeweils eine manuelle Eingabe simuliert, was einer vollständigen Automatisierung des Prozesses entspricht.

So erfolgt beispielsweise bei der XML-Datenübernahme aus X-CAD automatisch die entsprechende Kapazitätsreservierung und -feinplanung. Diese ersetzt die vorherigen Schätzwerte und ermöglicht eine detaillierte Nachkalkulation. Das Ergebnis: Solarlux genießt eine absolute Kostentransparenz der einzelnen Aufträge und Produktlinien.

Die einzelnen Abteilungen von Solarlux starteten nach und nach die Einführung der relevanten ERP-Module. „P2plus führte in jeder Abteilung sehr schnell zu einer erheblichen Zeitersparnis bei den Anwendern", so Stefan Holtgreife. „Die Transparenz in den Arbeitsabläufen stieg enorm, während die bisherige Fehlerquote durch die weitgehend papierlose Datenverarbeitung dramatisch sank." War vorher aufgrund der inkompatiblen Schnittstellen zwischen den einzelnen Insellösungen eine Datenübergabe nicht möglich und die Auskunftsfähigkeit gegenüber Kunden eingeschränkt, kann jetzt jeder Anwender mit wenigen Mausklicks auf alle Informationen zugreifen.

Das Ziel, mit P2plus die eigenen Geschäftsprozesse neu und effizienter zu gestalten, wurde bereits größtenteils erreicht. Arbeiteten die Mitarbeiter früher in erster Linie für und in ihrer jeweiligen Abteilung, lernen sie mit dem transparenten Informationsfluss in P2plus in übergreifenden Prozessen zu denken. P2plus weist Anwender direkt auf fehlerhafte Eingaben hin, die sofort korrigiert werden können, und dann nicht erst den Mitarbeiter in der nach-folgenden Abteilung vor ein Problem stellen. „Das spart uns unglaublich viel Zeit und damit auch Kosten", freut sich Stefan Holtgreife. „Wir gewinnen effizientere Prozesse, ein schlankeres Lager und eine bessere Wareneingangskontrolle, so dass ein schneller Return-on-Investment bereist absehbar ist."

5.3.3 E-Business-Softwareanbieter AP

Die 1993 gegründete Karlsruher AP Automation + Productivity AG ist mit P2plus, das vollständig auf der .NET-Plattform von Microsoft basiert, einer der führenden Anbieter für E-Business im Mittelstand. Auf Basis fortschrittlicher Web-Technologien (Webservices, ASP, XML, SOAP) integriert P2plus durchgängig erweiterte ERP-Funktionalität wie Internet, Intranet, E-Commerce, CRM und Workflow in einer einheitlichen Systemstruktur und Benutzeroberfläche. Gemeinsam mit ihren Tochterunternehmen in Österreich und der Schweiz betreut AP 1.800 mittelständische Unternehmen.

www.ap-ag.com

5.4 Fallstudie Veltins

Die Brauerei C. & A. Veltins hat ihre Software-Landschaft vereinfacht und drei unterschiedliche Systeme durch eine einheitliche ERP-Software abgelöst. Nachdem das Unternehmen verschiedene Module von SAP R/3 in der Produktion, in der Logistik und im Vertrieb eingeführt hatte, implementierte Veltins als weltweit erster SAP-Kunde das neueste Release der Branchenlösung SAP Beverage. Darüber hinaus plant Veltins die Anbindung an ein Webportal, über das sich die geschäftliche Kommunikation mit Getränkefachgroßhändlern per EDI abwickeln lässt.

5.4.1 Veltins im Überblick

Die Brauerei C. & A. Veltins GmbH & Co. KG mit Sitz im sauerländischen Grevenstein zählt zu den größten Privatbrauereien Deutschlands und bilanzierte 2002 mit den Marken Veltins Pilsener sowie dem Premium-Biermix Veltins V+ einen Gesamtausstoß von 2,38 Millionen Hektoliter. Der Umsatz lag bei 214 Millionen Euro. Darüber hinaus hält das Traditionsunternehmen, das seinen Ursprung im Jahr 1824 in einer kleinen Gasthausbrauerei hat, eine 35prozentige Beteiligung an der Weißbierbrauerei Gebr. Maisel, Bayreuth, sowie eine 100prozentige Beteiligung am Westdeutschen Getränkevertrieb, Dortmund, der als zweitgrößter Getränkefachgroßhändler Deutschlands operiert. Dazu zählen die Sparten Gastronomievertrieb und Logistik, aber auch 137 Getränkefachmärkte.

www.veltins.de

5.4.2 Branchenlösung auf SAP-Basis

Im hart umkämpften Markt der Getränkeindustrie sind eine schlagkräftige Organisationsstruktur und guter Services für die Vertriebspartner derzeit die wichtigsten Instrumente für dauerhaften Erfolg. In beiden Bereichen hat die Brauerei C. & A. Veltins GmbH & Co. KG jetzt die grundlegenden Arbeiten erledigt und gleichzeitig neue richtungweisende Prozesse aufgesetzt.

Selbst im internationalen Vergleich braucht sich das Unternehmen nicht zu verstecken. „Wir sind weltweit das erste Unternehmen, bei dem das neueste Release von SAP Beverage im Einsatz ist", sagt Andreas Stahlmecke, IT-Chef von Veltins. Die Branchenlösung ist nur die jüngste Anschaffung, die der IT-Experte bei SAP, dem Walldorfer Anbieter von betriebswirtschaftlicher Standardsoftware, tätigte. Zuvor hatte Stahlmecke in seinem Unternehmen bereits mehrere R/3-Module zum Einsatz gebracht und damit für frischen Wind in Produktion, Logistik und Vertrieb des Unternehmens gesorgt.

Ausgangslage für das neue ERP-System war eine IBM AS/400 (heute iSeries) mit drei unterschiedlichen Softwareprodukten, die ihre Daten über diverse Schnittstellen austauschen mussten. Damit waren alle Änderungen oder Release-Wechsel sehr aufwändig und kostenintensiv. Ein weiterer Grund für einen Neuanfang waren die gestiegenen Anforderungen der Fachabteilungen, insbesondere im Controlling. Es musste eine Lösung her, die einen verlässlichen Überblick über sämtliche Ressourcen der Brauerei bieten konnte.

Mit 522 Mitarbeitern und einem Jahresumsatz von 205 Millionen Euro gehört Veltins zu den größeren Mittelständlern in Deutschland. Bereits 1998 entschieden sich Stahlmecke und sein Team für die Lösungen aus dem Hause SAP. Das erste Modul der R/3-Lösung zum SAP-Start in 1998 war HR (Human Resources), das Modul für die Personalwirtschaft. Stahlmecke: „Viele Mitarbeiter hatten anfangs Bedenken gegenüber SAP – aber als dann die Gehaltsabrechnung klappte, war das nicht mehr ganz so kritisch." Bereits zum Jahreswechsel 1999 wurden dann die Module FI (Finanzbuchhaltung) und CO (Controlling) hinzugeschaltet.

Später wurde mit SAP Beverage ein weiteres Produkt des Walldorfer Softwareherstellers eingeführt. SAP Beverage, das anfangs als „R/3-Getränke" im Markt eingeführt wurde, gilt heute als das führende Komplettsystem für alle Belange des Brauereigewerbes. „Zum damaligen Zeitpunkt", so Stahlmecke, „war R/3-Getränke für unsere Begriffe noch nicht so weit entwickelt, dass wir uns damit hätten anfreunden können. Aber nachdem dann vor allem mit der Integration der Vertragsverwaltung ein ziemlicher Sprung gemacht wurde, haben wir am 1. Januar 2001 dieses Modul eingeführt." Veltins migrierte dann zum 1. April 2001 zunächst auf das in SAP Beverage umbenannte System in der Version 02. Schließlich erfolgte der Wechsel auf das neue Release 03, das erweiterte Funktionen und Geschäftsprozesse wie zum Beispiel VSO (Vehicle Space Optimization) bietet. Stahlmecke: „Damit haben wir jetzt einen sehr konsistenten, aktuellen Stand in Sachen SAP erreicht."

Dreh- und Angelpunkt aller Geschäftsprozesse bei Veltins ist das auf hohen Durchsatz ausgelegte Hochregallager am Standort Grevenstein. Hier werden alle Produkte der Brauerei für den schnellen Warenumschlag vorgehalten, inklusive des notwendigen Leergut-Anteils. Dieses Hochregallager ist vollständig in die Produktion integriert, ebenso wie der Warenausgang an die Spediteure der Getränkefachgroßhändler.

Was im SAP-Reigen fehlt, ist der Bereich Auftragserfassung. Hier ist noch die Software eines Drittherstellers im Einsatz, die über Datenbank-Trigger die an zwei PCs erfassten Aufträge direkt an das Hochregallager übergibt. Anhand der Bestelldaten wird die Ware an die entsprechende Ladestelle geliefert, der Fahrer unterschreibt den Empfang, und anschließend wird vom Hochregallager wiederum über eine Datenbank in die Auftragserfassung zurückgeschrieben, was tatsächlich ausgeliefert wurde. Erst danach werden diese Daten von der Auftragserfassung an SAP geschickt.

Für eine Übergangszeit macht Stahlmecke sich diese Parallelität zunutze: „Das hat den Vorteil, dass in der Phase der Beverage-Einführung die Aufträge eines ganzen Tages in der Auftragserfassung an der Rampe und gleichzeitig im dafür zuständigen R/3-Modul SD (Vertriebsabwicklung) vorgehalten wurden. Damit konnten wir beim Tagesabschluss prüfen, ob auf beiden Systemen identische Ergebnisse erzielt wurden."

Noch in diesem Jahr wird Veltins mit Unterstützung des Dresdener SAP-Tochterunternehmens SAP Systems Integration diese Auftragserfassung ablösen. Das derzeit eingesetzte Softwareprodukt wird nicht mehr am Markt vertrieben. Und außerdem passen Inkonsistenzen nicht ins Konzept: Die Lösung ist nicht durchgängig, die Materialwirtschaft hat keinen Durchgriff und die Bediener müssen auf zwei Systeme zugreifen.

Darüber hinaus spielt auch Konsistenz nach Außen eine zunehmend wichtigere Rolle. Veltins ist an der Firma Getport beteiligt, einem Verband aus insgesamt sieben Brauereien, der ein Portal für das EDI-Geschäft mit den Getränkefachgroßhändlern zur Verfügung stellt. Stahlmecke erläutert: „Damit das funktioniert, müssen wir in der Lage sein, Daten unserer Kunden eins zu eins und ohne Systembruch an das Portal zu übergeben und von dort zu erhalten."

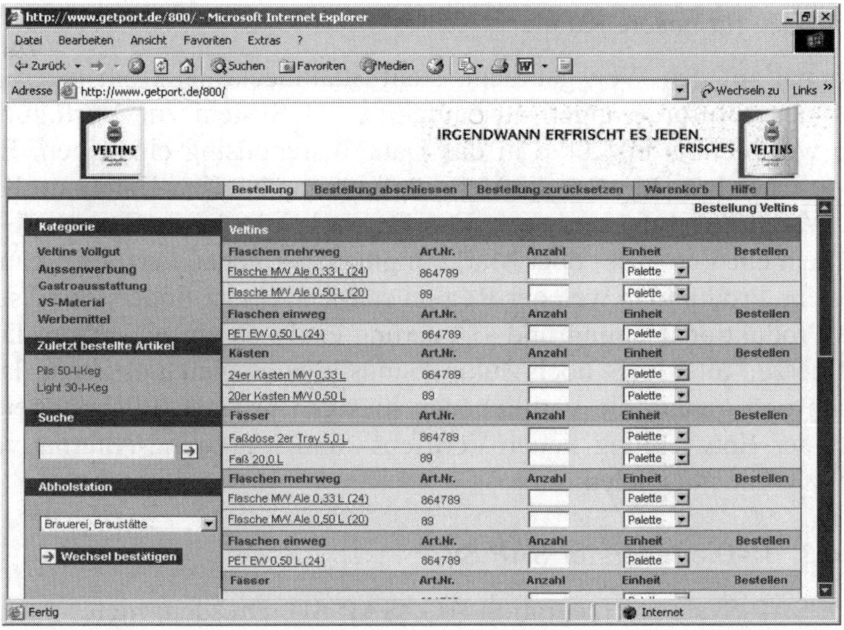

Abb. 4. Über das Webportal Getport können Brauereien wie Veltins die geschäftliche Kommunikation mit Getränkefachgroßhändlern per EDI abwickeln

Bereits heute hat Veltins durch das neue System eine hohe interne Transparenz erreicht und kann dem Vertrieb mit dem Tages- oder Monatsabschluss sehr schnell Zahlen präsentieren, die dieser wiederum zur Vertriebssteuerung einsetzt.

In Zukunft wird das Unternehmen auch die Prozesse zwischen dem Hochregallager und Getport optimieren können. Während derzeit die Lkw ihre Bestellungen erst auf dem Hof der Brauerei aufgeben, wird dies spätestens innerhalb der nächsten zwei Jahre über webbasierte Portale wie Getport geschehen. Damit, so Stahlmecke, werde sich die gesamte Disposition in der Getränkeindustrie grundlegend ändern und zu hohen Optimierungsraten bei Herstellern wie Händlern führen: „Zu Stoßzeiten stehen bei uns manchmal bis zu zehn Lkw auf dem Hof. Das kann man durch bessere Vorausplanung entzerren. Und wenn Händler elektronisch vorab bestellen, können wir die Abholtermine aufeinander abstimmen und unseren Kunden relativ genaue Angaben zum Zeitpunkt der Abholung machen, so dass er nur noch minimale Verweilzeiten bei uns hat – mit entsprechenden Zeitvorteilen für unsere Kunden."

Einmal auf den Weg gebracht, steht Stahlmecke jetzt ein jederzeit für neue Anforderungen ausbaufähiges IT-System zur Verfügung. So will Veltins in Kürze in das Data Warehousing einsteigen. Ein mögliches Projekt wäre die Verknüpfung von Nielsen-Daten mit Data Warehouse-Informationen. Das Ergebnis könnte ein System sein, in dem ein Vertriebs- oder Marketingmanager genau verfolgen kann, welche Produkte in welcher Region starken Absatz finden – und seine Produktionsplanung und -Steuerung exakt darauf einstellen. Das ist derzeit allerdings noch Zukunftsmusik, wenngleich es zeigt, dass auch und gerade die verbliebenen hiesigen privaten Pilsbrauereien bei der Entwicklung neuer Vertriebs- und Marketing-Alternativen ganz vorne mitspielen.

5.4.3 IT-Dienstleister SAP SI

Die SAP Systems Integration AG (SAP SI), Dresden, bietet mittleren bis großen Unternehmen branchenspezifische Dienstleistungen rund um ihre Informationstechnologie. International tätig, realisiert und betreut SAP SI sowohl SAP- als auch SAP-fremde Lösungen. Spezialisiert auf Systemintegration optimiert SAP SI heterogene Systemlandschaften – auch über Unternehmensgrenzen hinweg. Zum 30. September 2003 beschäftigte SAP SI weltweit 1.695 Mitarbeiter. Im Geschäftsjahr 2002 erwirtschaftete SAP SI einen Umsatz von 293,2 Millionen Euro. Der IT-Dienstleister ist im „Prime Standard"-Segment der Frankfurter Wertpapierbörse notiert und Mitglied im TecDAX-Index.

www.sap-si.com

5.5 Fallstudie Webotech

Der Automobilzulieferer Webotech hat durch die Anbindung an den Internet-Marktplatz SupplyOn seine Vertriebsprozesse optimiert. Zum einen hat sich die Qualität der Anfragen zur Angebotsabgabe deutlich erhöht, weil potenzielle Kunden sich bereits im Vorfeld detaillierte Informationen über das Leistungsspektrum des Unternehmens beschaffen können. Zum anderen kann Webotech Kundenanfragen über die Plattform deutlich schneller bearbeiten und Angebote online abgeben.

5.5.1 Webotech im Überblick

Die Webotech GmbH & Co. KG in Gosheim nahe Rottweil, gegründet 1923, ist Hersteller von Präzisionsdrehteilen und Baugruppen für die Automobilindustrie und den Maschinenbau. Zu den wichtigsten Kunden zählen beispielsweise Bosch, Beru, Delphi, Kärcher und Stihl. Mit 80 Mitarbeitern erwirtschaftet das Unternehmen rund 10 Millionen Euro Umsatz, 15 Prozent davon mit exportierten Komponenten.

www.webotech.de

5.5.2 Anbindung an einen Online-Marktplatz

Zunächst war E-Business kein Thema für den Präzisionsteilehersteller Webotech, weil man es nicht für möglich gehalten hatte, technisch anspruchsvolle Komponenten im Internet anzubieten. Entsprechend groß war die Skepsis, als sich das Unternehmen auf Wunsch eines wichtigen Kunden der Internet-Plattform SupplyOn angeschlossen hat. Die Haltung gegenüber dem neuen Medium hat sich grundlegend geändert. Heute steht für den Vertriebsleiter Gerd Gabel fest: Die Bedeutung des Internets für die Abwicklung von Geschäftsprozessen in der Automobilindustrie wird stetig zunehmen. „Je früher sich ein Unternehmen mit dem Thema auseinander setzt, desto besser für seine Wettbewerbssituation. Heute profitieren wir davon, dass wir zu den Ersten gehörten.“

Einen der größten Vorteile von SupplyOn sieht der schwäbische Zulieferer darin, dass er mit Hilfe der Plattform die Effizienz seines Vertriebs steigern kann. Dies wird möglich durch die hohe Qualität der Anfragen, die über den Zulieferer-Marktplatz herein kommen. „Auf vier von fünf Anfragen können wir ein Angebot abgeben im Gegensatz zu fünf Prozent passenden Anfragen, die uns auf herkömmlichem Weg erreichen. So können wir uns auf das Wesentliche konzentrieren und sparen eine Menge Zeit", so Gabel. Dies ist vor allem dem SupplyOn Business Directory zu verdanken, mit dessen Hilfe sich Einkäufer ein detailliertes Bild über das Leistungsspektrum eines Lieferanten verschaffen können. Hier präsentieren sich Zulieferunternehmen mit umfassenden Angaben über ihre Fertigungsmöglichkeiten. Da sich die Zulieferer im Business Directory bestimmten Materialgruppen zugeordnet haben, finden Einkäufer schnell geeignete Lieferanten, an die sie ihre Anfrage richten können. Unpassende Anfragen, die einen hohen administrativen Aufwand verursachen, werden auf diese Weise weitgehend vermieden.

Den persönlichen Kontakt mit Geschäftspartnern ersetzt die Plattform dabei nicht. „SupplyOn ermöglicht lediglich die transparente Anbahnung einer Geschäftsbeziehung. Die Gespräche, die dann geführt werden, sind in der Regel wesentlich intensiver und zielführender, da der potenzielle Kunde die Fakten bereits kennt und man schneller zum Wesentlichen kommen kann", fasst der Vertriebsleiter zusammen.

Einen weiteren Vorteil sieht Gerd Gabel darin, dass SupplyOn es ermöglicht, sich einem Einkäufer genau in dem Moment zu präsentieren, in dem dieser vor einer konkreten Entscheidung steht. „Wenn ich auf einer Messe unsere Leistungen ausstelle, kann ich selbst nach einem intensiven Gespräch nicht sicher gehen, dass sich ein Interessent im entscheidenden Moment an Webotech erinnert", kommentiert der Vertriebsleiter. „Außerdem sind wir auf SupplyOn immer mit aktuellen Daten präsent: Eine neue Maschine oder ein neues Verfahren zur Oberflächenbearbeitung ist in wenigen Minuten und ohne Kosten im Lieferantenverzeichnis von SupplyOn eingetragen. Bei einer Broschüre geht das weder so schnell noch so günstig."

Doch SupplyOn ist nicht nur eine reine Handelsplattform, die Angebot und Nachfrage zusammen bringt – und hier liegt der wesentliche

Unterschied zu zahlreichen anderen Internet-Plattformen. SupplyOn bietet Services, mit denen sich auch Logistik-, Qualitätsmanagement- und Engineering-Prozesse effizient abwickeln lassen. Der Bereich Logistik ist bei Webotech bereits eingeführt: So erhält das Unternehmen die Lieferabrufe aus drei Bosch-Werken – Mondeville, Bühl und Waiblingen – nicht mehr per Fax, sondern ausschließlich elektronisch per SupplyOn WebEDI. Im Schnitt sind es 30 bis 35 Abrufe in der Woche. Hinzu kommen rund 25 elektronisch übertragene Lagerbewegungen aus zwei Bosch-Werken, bei denen Webotech ein Konsignationslager bestückt.

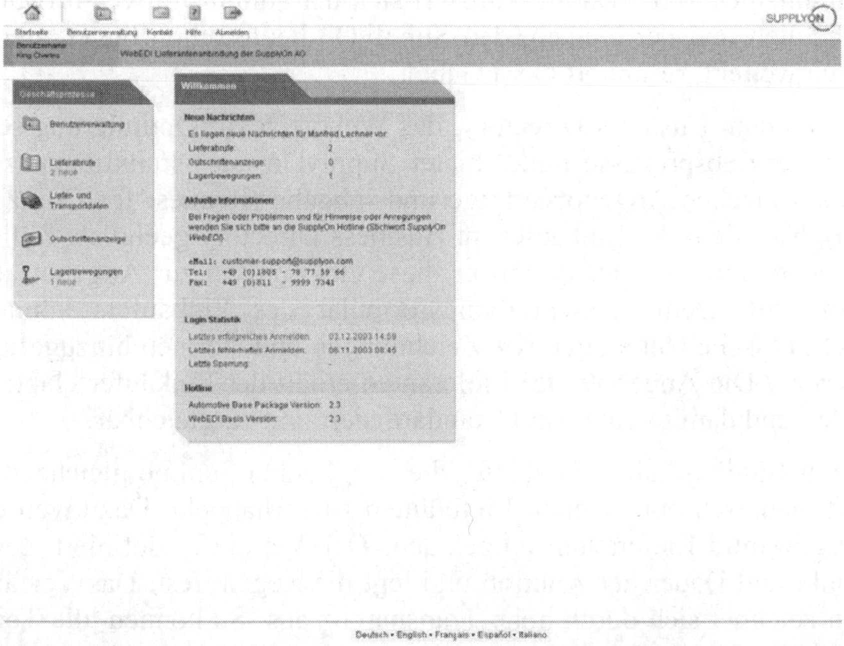

Abb. 5. Auf SupplyOn lässt sich der Informationsfluss von der Liefersteuerung bis zum Eintreffen der Ware beim Kunden elektronisch per WebEDI abbilden

Richtig interessant wird es, wenn auch der Bereich Engineering dazu kommt: Dann hat der Zulieferer über die Internet-Plattform Zugang zu wichtigen Dokumenten wie Werksnormen, Konstruktionszeichnungen, Stücklisten und Spezifikationen seines Kunden und kann sich diese in elektronischer Form herunterladen. „Heute kann es passieren, dass wir ein und dieselbe Norm mehrmals aus unterschiedlichen Werken bekommen – und jede muss kontrolliert und bestätigt werden“, beschreibt Gabel einen der Nachteile, die die herkömmliche Vorgehensweise beim Austausch von Dokumenten mit sich bringt. „Oder Dokumente kommen mal per Fax in schlechter Qualität, mal per Post und manchmal elektronisch. Da ist es schwierig, den Überblick zu behalten“.

Der SupplyOn Document Manager vereinfacht diesen Prozess, indem Lieferanten alle für sie relevanten Dokumente über SupplyOn herunterladen und archivieren können. Ändert sich ein Dokument, wird eine Benachrichtigung per E-Mail verschickt – und zwar nur ein einziges Mal. „Damit reduziert sich der administrative Aufwand erheblich und der Nutzen, den SupplyOn heute schon bietet, steigt noch weiter“, resümiert Gerd Gabel.

Neben dem Business Directory, das Webotech zur Optimierung seiner Vertriebsprozesse nutzt, bietet SupplyOn auch Funktionen zur elektronischen Angebotsanfrage und -abgabe (Request for Quotation). Nachdem der Einkäufer im Business Directory geeignete Zulieferer identifiziert hat, fordert er diese elektronisch zur Angebotsabgabe auf. Dem Ausschreibungsformular des Einkäufers können elektronische Unterlagen wie Zeichnungen und Normen hinzugefügt werden. Die Angebote der Lieferanten erhält der Einkäufer elektronisch und damit strukturiert, standardisiert und vergleichbar.

Beim Bidding haben Einkäufer die Möglichkeit, online gleichzeitig mit mehreren potenziellen Lieferanten zu verhandeln. Dazu werden ausgewählte Lieferanten eingeladen. Der Verkäufer definiert Zeitpunkt und Dauer der Auktion und legt die Regeln fest. Das Verfahren zeichnet sich durch hohe Transparenz aus: So können alle Teilnehmer auf der Lieferantenseite zu jedem Zeitpunkt das aktuell günstigste Angebot und ihren Rang sehen.

Im Logistikbereich stellt SupplyOn neben der WebEDI-Lösung Funktionen zur Optimierung der Lagerdisposition zur Verfügung. Mit Vendor Managed Inventory (VMI) überträgt ein Unternehmen die Verantwortung für den Lagerbestand einer bestimmten Komponente seinem Lieferanten. Dies wird möglich durch einen Monitor, der beiden Seiten als Planungstool auf dem Marktplatz zur Verfügung steht. Mit diesem lassen sich Lagerbestände, Transitmengen und geplante Lieferungen farblich visualisieren. Das einkaufende Unternehmen trägt dort seine voraussichtlichen Brutto-Bedarfe für die kommenden Wochen und Monate ein; der Lieferant plant anhand dieser Zahlen seine eigene Produktion – unter Berücksichtigung von vereinbarten Minimal- und Maximal-Lagerbeständen des Kunden.

Der SupplyOn Performance Monitor ermöglicht die zeitnahe und effiziente Kommunikation von Lieferantenbeurteilungen, beispielsweise hinsichtlich Liefertreue und Qualität der gelieferten Komponenten. Der Vorteil dabei ist, dass ein Lieferant Problembereiche zu einem frühen Zeitpunkt identifizieren und entsprechende Maßnamen schnell einleiten kann. So lassen sich nicht nur auf Lieferanten-, sondern auch auf Kundenseite erhebliche Kosten einsparen. Der Performance Monitor automatisiert und standardisiert den aufwändigen und oft nicht strukturierten Prozess bei der Kommunikation von Daten zur Lieferantenbeurteilung.

Zur Analyse der Daten stehen dem Lieferanten verschiedene Möglichkeiten der Verdichtung und Detaillierung zur Verfügung – von der Konzern- bis zur Teileebene. Da nicht nur aktuelle, sondern auch historisch Daten tabellarisch oder grafisch dargestellt werden können, lassen sich auch Entwicklungstendenzen ablesen. Mit dem Performance Monitor ist sichergestellt, dass wichtige Informationen jeden Empfänger erreichen, für den die Informationen relevant sind.

5.5.3 Internet-Marktplatzbetreiber SupplyOn

SupplyOn mit Sitz in Hallbergmoos bei München ist Anbieter eines Internet-Marktplatzes für die Automobilzulieferindustrie. Als Plattform von Zulieferern für Zulieferer bietet SupplyOn Funktionalitäten, mit denen sich Geschäftsprozesse im Einkauf und Vertrieb sowie in der Logistik, in der Produktentwicklung und im Qualitätsmanagement effizient abwickeln lassen. Gegründet wurde das Unternehmen im Jahr 2000 von den international tätigen Automobilzulieferern Robert Bosch GmbH, Continental AG, INA Holding Schaeffler KG und ZF Friedrichshafen AG sowie der SAP AG, auf deren Software der Marktplatz basiert. 2001 hat sich Siemens VDO Automotive als Anteilseigner der Initiative angeschlossen.

www.supplyon.com

Ausgewählte ERP-Systeme im Überblick

Die folgende Übersicht zeigt eine Auswahl verschiedener ERP-Softwareprodukte. Wie bereits in Kapitel 2 erläutert, bilden ERP-Systeme die Basis für sämtliche E-Business-Aktivitäten. Bei der Auswahl der Produkte wurde darauf geachtet, dass diese den Anforderungen mittelständischer Unternehmen weitgehend entsprechen.

Hersteller und Zielgruppe

Neben dem Produktnamen und dem Herstellernamen in den ersten beiden Spalten zeigt die dritte Spalte die Unternehmensgröße in Form der Mitarbeiterzahl, für die das jeweilige Produkt geeignet ist.

Produkt	Hersteller	bis 50 Mitarbeiter	50-250 Mitarbeiter	250-500 Mitarbeiter	500-1.000 Mitarbeiter
Abas-Business-Software	Abas Software	•	•	•	•
Account-View	Account-View	•	•	•	•
Agresso Business World	Agresso		•	•	•
Alpha PX2	Bison		•	•	•
ASW	IBS		•	•	•
B2	Bäurer	•	•	•	•
Brain AS	Brain Industries		•	•	•
Büro-Ware	Softengine	•	•		
Canias	IAS	•	•	•	•
CD2000	R.Z.W. Cimdata	•	•	•	•
Charisma	GUS Group	•	•	•	•
Classic Line	Sage KHK Software	•	•	•	
CS/2	Wilken		•	•	•
CSB-System	CSB-System		•	•	•
DCW Software	DCW Software		•	•	•
Deleco	Delta Barth Systemhaus	•	•	•	•
Exact Pro	Exact Software	•	•		

Fepa	Planat	•	•	•	•
Formica	BLP Software	•	•	•	
Foss	Ordat		•	•	
Global Eagle	Eagle Peak	•	•	•	•
Godyo P/4	Godyo		•		
GSD System V	GSD Software	•	•	•	•
IFS Applications	IFS		•	•	•
Infor:Com	Infor Business Solutions	•	•	•	•
Komma	Komma Software	•	•		
MFG/Pro EB2	QAD		•	•	•
Microsoft Apertum	Microsoft Business Solutions	•	•		
Microsoft Axapta	Microsoft Business Solutions			•	•
Microsoft Navision	Microsoft Business Solutions	•	•		
Movex	Intentia			•	•
MMS	Softbase	•	•	•	
mySAP All-in-One	SAP		•	•	•
Office Line	Sage KHK Software	•	•	•	
OGSid	OGS	•	•	•	
Olymp	Bytesteps	•	•	•	•
Oracle E-Business Suite11i	Oracle	•	•	•	•
Oxaion	Command		•	•	•
P2plus	AP Automation + Productivity	•	•	•	•
Peoplesoft Enterprise One	Peoplesoft	•	•	•	•
Proalpha	Proalpha Software		•	•	•
Profid/2	R.S. Consulting & Software		•	•	
Psipenta.com	Psipenta Software Systems			•	•
Rick-ERP	KEC	•	•	•	
SAP Business One	SAP	•	•		
Select-Line	Select-Line Software	•	•		
Semiramis	C.I.S.	•	•	•	•
Service & Trade	Doneware	•	•	•	
SoftM Suite	SoftM		•	•	•
Sou Matrixx	SOU Systemhaus	•	•	•	
SQL Business	Nissen & Velten Software		•	•	
SSA Baan	SSA Global		•	•	•
SSA BPCS	SSA Global	•	•	•	•
Steps Business Solution	Step Ahead	•	•		
System P4	Parkstreet		•	•	
System21	Geac Enterprise Solutions		•	•	•
System4	BBT Electronics	•	•		
Syte-Line	Mapics		•	•	•
Unipps	Comtri	•	•	•	•
Upos	Update Solutions		•	•	•

Branchenspezifische Funktionen

Ein Großteil der auf dem Markt angebotenen ERP-Systeme zeichnet sich durch integrierte vorkonfigurierte Geschäftsprozesse aus, die auf branchenspezifische Anforderungen abgestimmt sind. Die Übersicht zeigt, welche Produkte für den Einsatz in den Branchen Fertigung, Automotive, Maschinen- und Anlagenbau, Chemie und Pharma, Konsumgüter, Handel sowie Dienstleistung geeignet sind.

Produkt	Serienfertigung	Variantenfertigung	Diskrete Fertigung	Automotive	Maschinenbau	Chemie und Pharma	Konsumgüter	Handel	Dienstleistung
Abas-Business-Software	•	•	•	•	•	•	•	•	•
Account-View	•	•	•	•	•	•	•	•	•
Agresso Business World			•	•		•	•	•	•
Alpha PX2	•	•	•		•	•	•	•	•
ASW				•		•	•	•	
B2	•	•	•	•	•			•	
Brain AS	•	•	•		•		•	•	
Büro-Ware	•	•			•	•		•	•
Canias	•	•	•	•	•			•	•
CD2000	•	•	•	•	•		•	•	
Charisma						•		•	
Classic Line	•	•	•	•	•	•	•	•	•
CS/2	•	•	•		•	•	•	•	•
CSB-System						•	•	•	
DCW Software	•	•	•	•	•	•	•	•	•
Deleco	•	•	•		•		•	•	
Exact Pro							•	•	•
Fepa	•	•	•	•	•			•	
Formica	•	•	•	•	•	•	•	•	•
Foss	•	•	•	•	•	•			
Global Eagle	•	•	•	•	•	•	•	•	•
Godyo P/4	•	•	•	•	•		•	•	•
GSD System V	•	•	•	•	•	•	•	•	•
IFS Applications	•	•	•	•	•			•	•

Infor:Com	•	•	•	•	•				
Komma	•	•	•	•	•		•	•	•
MFG/Pro EB2	•		•	•	•	•	•	•	
Microsoft Apertum	•	•	•	•	•	•	•	•	•
Microsoft Axapta	•	•	•	•	•	•	•	•	•
Microsoft Navision	•	•	•	•	•	•	•	•	•
Movex	•	•	•	•	•	•	•	•	
MMS	•	•	•	•	•	•	•	•	•
mySAP All-in-One	•	•	•	•	•	•	•	•	•
Office Line	•	•	•	•	•	•	•	•	•
OGSid	•	•		•			•	•	
Olymp	•	•	•	•	•	•	•	•	•
Oracle E-Business Suite11i	•	•	•	•	•	•	•	•	•
Oxaion	•	•	•	•	•			•	•
P2plus	•	•	•	•	•	•	•	•	•
Peoplesoft Enterprise One	•	•	•	•	•	•	•	•	•
Proalpha	•	•	•	•	•		•	•	•
Profid/2	•	•	•		•		•	•	
Psipenta.com		•	•	•	•				
Rick-ERP						•			
SAP Business One			•		•		•	•	•
Select-Line					•	•	•	•	•
Semiramis	•	•	•	•	•	•	•	•	•
Service & Trade							•	•	•
SoftM Suite	•		•			•	•	•	•
Sou Matrixx	•	•	•		•	•	•	•	•
SQL Business	•	•	•		•	•	•	•	
SSA Baan	•	•	•	•	•	•	•	•	
SSA BPCS	•	•	•	•	•	•	•	•	
Steps Business Solution								•	•
System P4	•	•	•	•	•	•	•	•	•
System21	•	•	•	•	•	•	•		•
System4	•	•		•		•	•	•	•
Syte-Line	•	•	•	•	•	•	•		
Unipps	•	•	•	•	•		•		•
Upos	•	•	•	•	•		•	•	

Branchenübergreifende Funktionen

Neben branchenspezifischen Abläufen bilden ERP-Systeme Geschäftsprozesse ab, die sich von Unternehmen zu Unternehmen nur unwesentlich unterscheiden. Dazu zählen im wesentlichen Funktionen für die Bereiche Personal- sowie Finanz- und Rechnungswesen. Weitere Funktionen sind Einkauf, Material- und Warenwirtschaft sowie Produktionsplanung und -steuerung. Neben diesen klassischen ERP-Bereichen enthalten mittlerweile viele Produkte Funktionen für das E-Business, etwa für Supply Chain Management, E-Procurement, E-Selling und Customer Relationship Management.

Produkt	Finanz- und Rechnungswesen	Personalwesen	Einkauf	Materialwirtschaft	Fertigung (PPS)	SCM	E-Procurement	E-Selling	CRM
Abas-Business-Software	•		•	•	•	•	•	•	
Account-View	•		•	•	•		•	•	•
Agresso Business World	•	•	•	•			•		
Alpha PX2	•	•	•	•	•	•	•	•	•
ASW	•		•	•	•	•	•	•	•
B2	•	•	•	•	•	•	•	•	•
Brain AS	•		•	•	•	•		•	•
Büro-Ware	•	•	•	•	•		•	•	•
Canias	•		•	•	•	•		•	•
CD2000	•	•	•	•	•	•	•	•	•
Charisma			•	•	•	•	•	•	•
Classic Line	•	•	•	•	•	•	•	•	•
CS/2	•	•	•	•	•	•	•	•	•
CSB-System	•	•	•	•	•	•	•	•	•
DCW Software	•	•	•	•	•	•	•	•	•
Deleco	•	•	•	•	•	•	•	•	•
Exact Pro	•	•	•	•					•
Fepa	•	•	•	•	•	•	•	•	•

Formica	•		•	•	•	•	•	•	•
Foss	•	•	•	•	•	•			
Global Eagle	•		•	•	•	•	•	•	•
Godyo P/4	•	•	•	•	•	•	•	•	•
GSD System V	•		•	•	•	•	•	•	•
IFS Applications	•	•	•	•	•	•	•	•	•
Infor:Com	•	•	•	•	•	•	•	•	•
Komma	•	•	•	•	•	•	•	•	•
MFG/Pro EB2			•	•	•	•	•	•	•
Microsoft Apertum	•	•	•	•	•	•		•	•
Microsoft Axapta	•	•	•	•	•	•	•		•
Microsoft Navision	•	•	•	•	•	•			•
Movex	•		•	•	•	•	•	•	•
MMS	•	•	•	•	•	•	•	•	•
mySAP All-in-One	•	•	•	•	•	•	•	•	•
Office Line	•	•	•	•	•	•	•	•	•
OGSid	•	•	•	•	•	•	•	•	•
Olymp	•		•	•	•	•	•	•	•
Oracle E-Business Suite11i	•	•	•	•	•	•	•	•	•
Oxaion	•	•	•	•	•	•	•	•	•
P2plus	•	•	•	•	•	•	•	•	•
Peoplesoft Enterprise One	•	•	•	•	•	•	•	•	•
Proalpha	•	•	•	•	•	•	•	•	•
Profid/2	•		•	•	•				•
Psipenta.com	•	•	•	•	•	•	•	•	•
Rick-ERP	•	•	•	•	•		•	•	•
SAP Business One	•		•	•	•				•
Select-Line	•	•	•	•					•
Semiramis	•		•	•	•		•	•	•
Service & Trade			•	•					•
SoftM Suite	•	•	•	•	•	•		•	•
Sou Matrixx	•		•	•	•	•	•	•	•
SQL Business	•		•	•	•		•	•	•
SSA Baan	•	•	•	•	•	•	•	•	•
SSA BPCS	•		•	•	•	•	•	•	•
Steps Business Solution	•	•	•	•		•		•	•
System P4	•	•	•	•	•	•	•	•	•
System21	•	•	•	•	•	•	•	•	•
System4	•		•	•		•	•	•	•
Syte-Line	•	•	•	•	•	•	•	•	•
Unipps	•	•	•	•	•	•	•	•	•
Upos	•		•	•	•	•		•	•

Kontaktinformation

Weitere Informationen zu den aufgeführten Produkten finden sich auf den Webseiten der Softwarehersteller. Die Adresse ist jeweils in der zweiten Spalte neben dem Produktnamen angegeben.

Produkt	Unternehmenswebseite
Abas-Business-Software	www.abas.de
Account-View	www.accountview.de
Agresso Business World	www.agresso.de
Alpha PX2	www.bison-group.com
ASW	www.ibsde.de
B2	www.baeurer.de
Brain AS	www.brain-industries.de
Büro-Ware	www.softengine.de
Canias	www.canias.de
CD2000	www.rzw.de
Charisma	www.gusgroup.de
Classic Line	www.sagekhk.de
CS/2	www.wilken.de
CSB-System	www.csb-system.com
DCW Software	www.dcw-software.com
Deleco	www.deleco-erp.de
Exact Pro	www.exactsoftware.de
Fepa	www.planat.de
Formica	www.blp.de
Foss	www.ordat.de
Global Eagle	www.eagle-peak.de
Godyo P/4	www.godyo.de
GSD System V	www.gsd-software.com
IFS Applications	www.ifsde.com
Infor:Com	www.infor.de
Komma	www.komma-software.com
MFG/Pro EB2	www.qad.de
Microsoft Apertum	www.microsoft.de
Microsoft Axapta	www.microsoft.de
Microsoft Navision	www.microsoft.de
Movex	www.intentia.de
MMS	www.softbase.de
mySAP All-in-One	www.sap.de
Office Line	www.sagekhk.de

OGSid	www.ogs.de
Olymp	www.bytesteps.net
Oracle E-Business Suite11i	www.oracle.de
Oxaion	www.oxaion.de
P2plus	www.ap-ag.com
Peoplesoft Enterprise One	www.peoplesoft.de
Proalpha	www.proalpha.de
Profid/2	www.rscons.de
Psipenta.com	www.psipenta.de
Rick-ERP	www.kec.de
SAP Business One	www.sap.de
Select-Line	www.selectline.de
Semiramis	www.cisag.com
Service & Trade	www.doneware.de
SoftM Suite	www.softm.de
Sou Matrixx	www.sou.de
SQL Business	www.sql-business.com
SSA Baan	www.ssaglobal.de
SSA BPCS	www.ssaglobal.de
Steps Business Solution	www.stepahead.de
System P4	www.parkstreet.de
System21	www.geac.de
System4	www.system4.de
Syte-Line	www.mapics.de
Unipps	www.comtri.de
Upos	www.update-gruppe.de

Abkürzungsverzeichnis

APS	Advanced Planning and Scheduling
ASP	Application Service Providing
B2B	Business-to-Business
B2C	Business-to-Consumer
B2E	Business-to-Employee
BPO	Business Process Outsourcing
CAS	Computer Aided Selling
CIO	Chief Information Officer
CPFR	Collaborative Planning, Forecasting & Replenishment
CRM	Customer Relationship Management
EDV	Elektronische Datenverarbeitung
E-Business	Electronic Business
E-Government	Electronic Government
E-Mail	Electronic Mail
E-Market	Electronic Market
E-Procurement	Electronic Procurement
E-Selling	Electronic Selling
ebXML	Electronic Business XML
ECR	Efficient Consumer Response
EDI	Electronic Data Interchange
EDIFACT	Electronic Data Interchange for Administration, Commerce and Transport
ER	Efficient Replenishment

ERP	Enterprise Resource Planning
IT	Information Technology
J2EE	Java 2 Enterprise Edition
JIS	Just-in-Sequence
JIT	Just-in-Time
MRO	Maintenance, Repair and Operations
MRP	Material Requirement Planning
MRP II	Manufacturing Resource Planning
ODETTE	Organization for Data Exchange by Teletransmission in Europe
OEM	Original Equipment Manufacturer
POS	Point-of-Sale
PPS	Produktionsplanung und -steuerung
RFID	Radio Frequency Identification
ROI	Return-on-Investment
SCC	Supply Chain Council
SCM	Supply Chain Management
SCOR	Supply Chain Operations Reference
SFA	Sales Force Automation
SLA	Service Level Agreement
SOAP	Simple Object Access Protocol
SRM	Supplier Relationship Management
UDDI	Universal Description, Discovery & Integration
VMI	Vendor Managed Inventory
WSDL	Web Service Description Language
XML	Extensible Markup Language

Literatur

Accenture (Hrsg.) (2001), Potenzial ohne Spektakel: Die unentdeckte Seite des E-Commerce, o.O. 2001.

Accenture (Hrsg.) (2002), Outsourcing 2007 – Von der IT-Auslagerung zur Innovationspartnerschaft: Eine Marktanalyse zu aktuellen Trends und Entwicklungen im deutschsprachigen Outsourcing-Markt, o.O. 2002.

Agilisys (Hrsg.) (2003), Agilisys Acquires Application Software Provider Brain AG, http://www.agilisys.com, Abruf: 30.12.2003.

Alicke, K./Weitzmann, C. (2002), Vendor Managed Inventory: Der Weg zur logistischen Partnerschaft, Karlsruhe 2002.

Alt, R./Fleisch, E./Österle, H (2002), Business Process Networking in der Praxis: Beispiele und Strategien zur Vernetzung mit Kunden und Lieferanten, Berlin/Heidelberg 2002.

Arthur D. Little (Hrsg.) (2001), Trends im E-Procurement, Wiesbaden 2001.

Ausschuss für wirtschaftliche Fertigung (Hrsg.) (1985), Integrierter EDV-Einsatz in der Produktion: Computer Integrated Manufacturing – Begriffe, Definitionen, Funktionszuordnungen. Eschborn 1985.

A.T. Kearney (Hrsg.) (2002), Akuter Handlungsbedarf in der Zulieferindustrie: Ertragskraft bricht ein, Frankfurt am Main 2002.

A.T. Kearney (Hrsg.) (2003), Meeting The Retail RFID Mandate: A Discussion Of The Issues Facing CPG Companies, Chicago 2003.

Automobil-Produktion (Hrsg.) (2003a), Veränderung der Wertschöpfung bei den OEMs bis 2015, http://www.automagazine.de, Abruf: 30.12.2003.

Automobil-Produktion (Hrsg.) (2003b), Automobil-Zulieferer-Ranking, http://www.automagazine.de, Abruf: 30.12.2003.

Bauknecht, K./Brauer, W./Mück, T. (Hrsg.) (2001), Informatik 2001: Wirtschaft und Wissenschaft in der Network Economy – Visionen und Wirklichkeit, Band 1, Wien 2001.

Baumgarten, H./Darkow, I. (2002), Konzepte im Supply Chain Management. In: Integriertes Supply Chain Management: Theorie und Praxis unternehmensübergreifender Geschäftsprozesse, hrsg. v. Busch/Dangelmaier, Wiesbaden 2002, S. 89-108.

Berlecon Research (Hrsg.) (2001), Vom Vermittler zum Dienstleister: B2B-Marktplätze in Deutschland, Berlin 2001.

Bogner, P./Möhrstädt, D.G./Paxian, S. (2001), Electronic Procurement planen, einführen, nutzen: Von der Konzeption zu optimalen Beschaffungsprozessen, Stuttgart 2001.

Booz Allen & Hamilton (Hrsg.) (2001), E-Business: Erwartung und Realität, o.O. 2001.

Brandstetter, C./Fries, M. (2002), E-Business im Vertrieb: Potenziale erkennen, Chancen nutzen – Von der Strategie zur Umsetzung, München/Wien 2002.

Brendel, M. (2002), CRM für den Mittelstand: Voraussetzungen und Ideen für die erfolgreiche Implementierung, Wiesbaden 2002.

Bundesministerium für Wirtschaft und Technologie (Hrsg.) (2001), Stand und Entwicklungsperspektiven des elektronischen Geschäftsverkehrs in Deutschland, Europa und den USA, Bonn 2001

Bundesverband Materialwirtschaft, Einkauf und Logistik (Hrsg.) (2002), Die Bedeutung des E-Commerce für den Mittelstand, Frankfurt am Main 2002.

Bundesvereinigung der Deutschen Arbeitgeberverbände (Hrsg.) (2001), E-Business in der deutschen Wirtschaft: Status quo und Perspektiven, o.O. 2001.

Bundesvereinigung Logistik (Hrsg.) (2002), Logistics Forum, Duisburg 2002.

Busch, A./Dangelmaier, W. (Hrsg.) (2002), Integriertes Supply Chain Management: Theorie und Praxis unternehmensübergreifender Geschäftsprozesse, Wiesbaden 2002.

Busch, A./Dangelmaier, W. (2002), Integriertes Supply Chain Management: Ein koordinationsorientierter Überblick. In: Integriertes Supply Chain Management: Theorie und Praxis unternehmensübergreifender Geschäftsprozesse, hrsg. v. Busch/Dangelmaier, Wiesbaden 2002, S. 1-21.

Busch, A./Lange H./Langemann, T. (2002), Standardsoftware zum Collaborative Supply Chain Management, Paderborn 2002.

Cap Gemini Ernst & Young (Hrsg.) (2001), E-Transformation: Hindernisse in der Umsetzung der E-Business-Ambitionen in Deutschland, Berlin 2001.

Cap Gemini Ernst & Young (Hrsg.) (2002a), ERP im Mittelstand: zwischen Wunsch und Wirklichkeit, Düsseldorf 2002.

Cap Gemini Ernst & Young (Hrsg.) (2002b), Der Markt für Web Services: Erwartungen, Treiber, Investitionsabsichten, Berlin 2002.

Deutsche Bank Research (Hrsg.) (2001), Virtuelle Marktplätze: Big Is Beautiful, Frankfurt am Main 2001.

Dunz, M. (2002), Grundlagen des E-Business. In: E-Logistik und E-Business, hrsg. v. Wannenwetsch, Stuttgart 2002, S. 16-26.

Etzel, H./Heilmann, H./Richter, R. (Hrsg.) (2000), IT-Projektmanagement: Fallstricke und Erfolgsfaktoren – Erfahrungsberichte aus der Praxis, Heidelberg 2000.

European Commission (Hrsg.) (2002), Enterprise Europe: Enterprise Policy News And Reviews, Brüssel 2002.

European Commission (Hrsg.) (2003), The European E-Business Report, Brüssel 2003.

Forrester Research (Hrsg.) (2002a), The Future Of Europe´s Online B2B Trade, London 2002.

Forrester Research (Hrsg.) (2002b), Web Services´ True Costs Revealed, London 2002.

Frost & Sullivan (Hrsg.) (2002), The European Supplier Relationship Management Markets, London 2002.

Future Store Initiative (Hrsg.) (2003), Über die Initiative: Lösungen, http://www.future-store.org, Abruf: 29.12.2003

Gadatsch, A. (2002), Management von Geschäftsprozessen: Methoden und Werkzeuge für die IT-Praxis, 2. Auflage, Braunschweig/Wiesbaden 2002.

Gartner (Hrsg.) (2000), ERP Is Dead – Long Live ERP II, o.O. 2002.

Gartner (Hrsg.) (2002a), European Small And Midsize Businesses: Infrastructure Support – User Wants And Needs, o.O. 2002.

Gartner (Hrsg.) (2002b), Attention, Solution Providers: SMBs Interested In ERP II, But At Their Own Pace, o.O. 2002.

Gartner (Hrsg.) (2002c), What CRM Providers Must Know About SMBs, o.O. 2002.

Gartner (Hrsg.) (2003a), How To Prove The Business Value Of Your ERP Project, o.O. 2003.

Gartner (Hrsg.) (2003b), Worldwide SCM New License Software Revenue Declined 21 Percent in 2002, Stamford 2003.

Gartner (Hrsg.) (2004), Top 5 Worldwide CRM Software New License Revenue Market Share Estimates for 2002, http://www.gartner.com, Abruf: 30.01.2004.

Gerber, S. (2002), Produktion, Back-End-Lösungen und E-Business. In: E-Logistik und E-Business, hrsg. v. Wannenwetsch, Stuttgart 2002, S. 129-139.

Göpfert, I. (2002), Einführung, Abgrenzung und Weiterentwicklung des Supply Chain Managements. In: Integriertes Supply Chain Management: Theorie und Praxis unternehmensübergreifender Geschäftsprozesse, hrsg. v. Busch/Dangelmaier, Wiesbaden 2002, S. 25-44.

Hans, S./Köppen, A./Scheer, A.W. (2001), Consulting: Ein Überblick. In: Consulting: Wissen für die Strategie-, Prozess- und IT-Beratung, hrsg. v. Köppen/Scheer, Berlin/Heidelberg/New York 2001, S. 1-10.

Hauptverband des Deutschen Einzelhandels (Hrsg.) (2003), Beschäftigten- und Umsatzentwicklung im Einzelhandel, http://www.einzelhandel.de, Abruf: 18.12.2003.

Heilmann, H. (2002), Erfolgsfaktoren des IT-Projektmanagements. In: IT-Projektmanagement: Fallstricke und Erfolgsfaktoren – Erfahrungsberichte aus der Praxis, hrsg. v. Etzel/Heilmann/Richter, Heidelberg 2000, S. 1-42.

Heinrich, C. (2003), ERP ist das Herz eines jeden Unternehmens, http://www.sap.info, Abruf: 18.12.2003.

Hellingrath B./Hieber R./Laakmann F./Nayabi K. (2002), Die Einführung von SCM-Softwaresystemen. In: Integriertes Supply Chain Management: Theorie und Praxis unternehmensübergreifender Geschäftsprozesse, hrsg. v. Busch/Dangelmaier, Wiesbaden 2002, S. 187-211.

Hertweck, D./Krcmar, H. (2001), Organisationales Commitment und Verteilte Arbeit: Erfahrungen bei der Implementierung eines E-CRM-Systems. In: Informatik 2001: Wirtschaft und Wissenschaft in der Network Economy – Visionen und Wirklichkeit, hrsg. v. Bauknecht/Brauer/Mück, Wien 2001, S. 453-459.

Heusler, F. (2002), Efficient Consumer Response aus Sicht der Logistik. In: E-Logistik und E-Business, hrsg. v. Wannenwetsch, Stuttgart 2002, S. 148-159.

Hoffmann, A./Zilch, A. (2000), Unternehmensstrategie nach dem E-Business-Hype: Geschäftsziele, Wertschöpfung, Return-on-Investment, Bonn 2000.

IBM/Impulse (Hrsg.) (2003), Internet- und E-Business-Einsatz im bundesdeutschen Mittelstand, o.O. 2003.

IBM Unternehmensberatung (Hrsg.) (2002), Supplier Relationship Management bei deutschen Automobilzulieferern, München 2002.

Infor Business Solutions (Hrsg.) (2002), CRM-Leitfaden: Der Nutzen von CRM-Lösungen, Friedrichsthal 2002.

Institut für Mittelstandsforschung Bonn (Hrsg.) (2003), Mittelstand: Definition und Schlüsselzahlen, http://www.ifm-bonn.de, Abruf: 30.12.2003.

Institut für Mittelstandsforschung der Universität Mannheim (Hrsg.) (2003), KMU-Definitionen, http://www.ifm.uni-mannheim.dc, Abruf: 30.12.2003.

Karch, S./Pérez, M. (2002), Web-Business mit SAP: Technologien, Anwendungen, Erfolgsfaktoren, Bonn 2002.

Kleineicken, A. (2002), Electronic Procurement. In: E-Supply-Chain-Management: Grundlagen, Strategien, Praxisanwendungen, hrsg. v. Nicolai/Wannenwetsch, Wiesbaden 2002, S. 100-126.

Klemm, M. (2002), E-Marketplaces: Quo vadis? In: Supply Chain Management, 2. Jahrgang, Nr. 1, 2002, S. 65-67.

Köppen, A./Scheer, A.W. (Hrsg.) (2001), Consulting: Wissen für die Strategie-, Prozess- und IT-Beratung, 2. Auflage, Berlin/Heidelberg/New York 2001.

KPMG Consulting (Hrsg.) (2002), E-Business in der Automobilzulieferindustrie: Stand und Perspektiven, München 2002.

Lang, M. (2002a), E-Production: Von der Push- zur Pull-Produktion. In: E-Supply-Chain-Management: Grundlagen, Strategien, Praxisanwendungen, hrsg. v. Nicolai/Wannenwetsch, Wiesbaden 2002, S. 127-155.

Lang, M. (2002b), E-Distribution: Distributionsstrategien im E-Zeitalter. In: E-Supply-Chain-Management: Grundlagen, Strategien, Praxisanwendungen, hrsg. v. Nicolai/Wannenwetsch, Wiesbaden 2002, S. 182-206.

Mattes, F. (1999), Electronic Business-to-Business: E-Commerce mit Internet und EDI, Stuttgart 1999.

Meta Group (Hrsg.) (2001), Supply Chain Management & Collaboration in Deutschland: Technologien und Trends für das erweiterte Unternehmen, o.O. 2001.

Meta Group (Hrsg.) (2002a), CRM, die nächste Generation – Theorie und Praxis: Customer Relationship Management in Deutschland, o.O. 2002.

Meta Group (Hrsg.) (2002b), Outsourcing-Markt in Deutschland 2002 bis 2005. In: Meta Weekly IT Service, Nr. 34, 2002.

Meta Group (Hrsg.) (2002c), Outsourcing-Preise am Tiefpunk. In: Meta Weekly IT Service, Nr. 47, 2002.

Meta Group (Hrsg.) (2003), Kostenstruktur ERP-Investitionen. In: Meta Weekly IT Service, Nr. 11, 2003.

Meta Group (Hrsg.) (2004), E-Procurement im Mittelstand. In: Meta Weekly IT Service, Nr. 3, 2004.

Meyer, A. (2002), Geschäft ausgebremst. In: E-Commerce Magazin, 5. Jahrgang, Nr. 11, 2002, S. 74.

Microsoft (Hrsg.) (2002a), Microsoft gibt Übernahme von Navision bekannt, http://www.microsoft.com, Abruf: 29.10.2002

Miserre, R./Montanus, S. (2001), Mobiler Datenfunk, 2. Auflage, Berlin 2001.

Montanus, S. (2001), Im Schmelztiegel des E-Business. In: E-Commerce Magazin, 4. Jahrgang, Nr. 11, 2001, S. 52-53.

Montanus, S. (2003a), Deutschland-CIO nötig. In: Cybiz, 3. Jahrgang, Nr. 11-12, 2003, S. 32-33.

Montanus, S. (2003b), Eine Frage des Managements. In: Cybiz, 3. Jahrgang, Nr. 5, 2003, S. 48-50.

Montanus, S. (2003c), Abschied von der IT. In: Cybiz, 3. Jahrgang, Nr. 6, 2003, S. 48-49.

Nefiodow, L. (1999), Der sechste Kondratieff: Wege zur Produktivität und Vollbeschäftigung im Zeitalter der Information, 3. Auflage, St. Augustin 1999.

Nicolai, S./Wannenwetsch, H. (Hrsg.) (2002), E-Supply-Chain-Management: Grundlagen, Strategien, Praxisanwendungen, Wiesbaden 2002.

Nicolai, S. (2002a), E-Supply Chain Management als strategisches Managementkonzept. In: E-Supply-Chain-Management: Grundlagen, Strategien, Praxisanwendungen, hrsg. v. Nicolai/Wannenwetsch, Wiesbaden 2002, S. 1-11.

Nicolai, S. (2002b), E-Sales und E-Service: Addes-Value-Strategien durch E-Commerce. In: E-Supply-Chain-Management: Grundlagen, Strategien, Praxisanwendungen, hrsg. v. Nicolai/Wannenwetsch, Wiesbaden 2002, S. 156-181.

Nicolai, S. (2002c), Praxisinstrumente für eine erfolgreiche E-SCM-Realisierung. In: E-Supply-Chain-Management: Grundlagen, Strategien, Praxisanwendungen, hrsg. v. Nicolai/Wannenwetsch, Wiesbaden 2002, S. 69-99.

Pfitzer, D./Rüdinger, R. (2002), Mit angezogener Handbremse. In: E-Commerce Magazin, 5. Jahrgang, Nr. 10, 2002, S. 44-45.

Pierre Audoin Consultants (Hrsg.) (2003), SMB Solutions 2003 Germany, München 2003.

Plattner, H./Scheer, A.W. et al. (2000), Dem Wandel voraus, Bonn 2000.

PricewaterhouseCoopers (Hrsg.) (2002), Supplier Survival: Survival In The Mo-dern Automotive Supply Chain, New York 2002.

PricewaterhouseCoopers Unternehmensberatung (Hrsg.) (2002), Elektronische Marktplätze: Chancen und Risiken für Betreiber und Teilnehmer, Düsseldorf 2002.

Quicken, M. (2001), Konzeption eines Marktplatzes: Eine B2B-Plattform für europäische Automobilzulieferer und deren Lieferanten. In: HMD – Praxis der Wirtschaftsinformatik, 38. Jahrgang, Nr. 219, 2001, S. 84-93.

Röhricht, J./Schlögel, C. (2001), C-Business: erfolgreiche Internetstrategien durch Collaborative Business am Beispiel mySAP.com, München 2001.

Schmitz, B. (2002a), E-Supply Chain Management. In: E-Logistik und E-Business, hrsg. v. Wannenwetsch, Stuttgart 2002, S. 177-202.

Schmitz, B. (2002b), Elektronische Transaktionsformen und Transaktionsplattformen. In: E-Logistik und E-Business, hrsg. v. Wannenwetsch, Stuttgart 2002, S. 70-89.

Schneider, D./Schnetkamp, G. (2000), E-Markets – B2B-Strategien im E-Commerce: Marktplätze, Fachportale, Plattformen, Wiesbaden 2000.

Schütte, R./Vering, O./Wiese, J. (2000), Erfolgreiche Geschäftsprozesse durch standardisierte Warenwirtschaftssysteme: Marktanalyse, Produktübersicht, Auswahlprozess, Berlin/Heidelberg 2000.

Schumpeter, J.A. (1939), Business Cycles: A Theoretical, Historical And Statistical Analysis Of The Capitalist Process, London/New York 1939.

Söbbing, T. (2002), Handbuch IT-Outsourcing: Rechtliche, strategische und steuerliche Fragen, Bonn 2002.

SSA Global (Hrsg.) (2003), Baan Becomes Subsidiary of SSA Global, http://www.ssaglobal.com, Abruf: 30.12.2003.

TDS (Hrsg.) (2002), Analyse Application Hosting, Neckarsulm 2002.

Treeck, S. (2002), Kooperationen zwischen Hersteller und Handel: Erfolgsfaktoren und Hindernisse. In: Logistics Forum, hrsg. v. Bundesvereinigung Logistik, Duisburg 2002.

Verband der Automobilindustrie (Hrsg.) (2002), Auto-Jahresbericht 2002, Frankfurt am Main 2002.

Verband der Automobilindustrie (Hrsg.) (2003), Auto-Jahresbericht 2003, Frankfurt am Main 2003.

Wannenwetsch, H. (Hrsg.) (2002), E-Logistik und E-Business, Stuttgart 2002.

Werner H. (2002a), Elektronische Supply Chains. In: Integriertes Supply Chain Management: Theorie und Praxis unternehmensübergreifender Geschäftsprozesse, hrsg. v. Busch/Dangelmaier, Wiesbaden 2002, S. 403-419.

Werner, H. (2002b), Supply Chain Management: Grundlagen, Strategien, Instrumente und Controlling, 2. Auflage, Wiesbaden 2002.

Wirtz, B.W. (2001), Electronic Business, 2. Auflage, Wiesbaden 2001.

Zwißler, S. (2002), Electronic Commerce, Electronic Business: Strategische und operative Einordnung, Technik und Entscheidungshilfen, Berlin/Heidelberg 2002.

Druck: Strauss GmbH, Mörlenbach
Verarbeitung: Schäffer, Grünstadt